U0160424

2020中国城市地下空间发展蓝皮书

中国工程院战略咨询中心
中国岩石力学与工程学会地下空间分会
中国城市规划学会

科学出版社

北 京

内 容 简 介

本报告汇集了 2019 年中国城市地下空间的基础数据与核心指标，所涉内容不以时空界限为基准，全景式展示中国城市地下空间从顶层设计到行业与产业发展等各领域最新成就，通过关键数据与要素评价，揭示地下空间与城市现代化发展在不同维度和层面的内在关联轨迹，为城市可持续发展和国土空间资源复合利用提供地下空间方面的专业意见。

本报告适合从事城市地下空间开发利用的政府主管部门人员、规划设计和施工技术人员及科研人员阅读使用。

审字号：（2021）8129 号

图书在版编目（CIP）数据

2020 中国城市地下空间发展蓝皮书 / 中国工程院战略咨询中心，中国岩石力学与工程学会地下空间分会，中国城市规划学会编. —北京：科学出版社，2021.11
　　ISBN 978-7-03-069905-3

　　Ⅰ．①2⋯　Ⅱ．①中⋯　②中⋯　③中⋯　Ⅲ．①城市空间–地下建筑物–研究报告–中国–2020　Ⅳ．①TU92

　　中国版本图书馆 CIP 数据核字（2021）第 196900 号

责任编辑：陈会迎 / 责任校对：贾娜娜
责任印制：张　伟 / 封面设计：有道设计

科 学 出 版 社 出版
北京东黄城根北街 16 号
邮政编码：100717
http://www.sciencep.com
北京中科印刷有限公司 印刷
科学出版社发行　各地新华书店经销
*
2021 年 11 月第 一 版　开本：787×1092　1/16
2021 年 11 月第一次印刷　印张：9 3/4
字数：200 000
定价：128.00 元
（如有印装质量问题，我社负责调换）

编 委 会

主　　　编　　陈志龙　　焦　栋

执 行 主 编　　刘　宏

执行副主编　　张智峰　　江　媛

撰写组成员　　常　伟　　田　野　　唐　菲

　　　　　　　杨明霞　　王海丰　　李　喆

　　　　　　　高金金　　席志文　　肖秋凤

　　　　　　　孙　凯　　曹继勇　　王若男

　　　　　　　刘　剑

序　言

　　自工业革命以来,资源和财富在空间上的高度集聚,推动了世界各国的城镇化进程。城市地下空间的开发利用正是在此背景下,历经 200 余年,从浅层利用到大规模开发,从解决城市问题到提升城市竞争力,空间资源的集约复合利用已经被视作支撑城市现代化持续发展的标准范式。21 世纪以来,中国快速的城镇化进程仍遵循着这一历史轨迹,不同的是在地下空间开发的时间维度上,呈现独具中国特色的发展速度。2016～2019 年以城市轨道交通、综合管廊、地下停车为主导的中国城市地下空间开发每年以 1.5 万多亿元人民币规模的速度增长,预计"十三五"期间,全国地下空间开发直接投资总规模约 8 万亿元人民币,这为推动中国经济有效增长,推进供给侧结构性改革提供了重要的产业支撑,中国已然成为领军世界的地下空间大国。

　　然而,从全国城市地下空间整体发展格局来看,由于缺少国家战略层级的顶层设计和统筹谋划,各地不同程度的地下空间资源浪费较为普遍,较发达的城市浅层资源已几近枯竭;地下空间行业发展参差不齐,地下空间产业链尚需整合,市场潜力没有得到充分挖掘;科技创新、信息技术服务、前沿技术、智力培育等地下空间专业核心竞争力投入不足,此类较为明显的软肋亟待完善。这其中,城市地下空间的"数字短板"显得尤为突出,以致在地下空间治理体系建设、规划建设,以及数据化、信息化管理建设方面都受到影响,一直以来被致力于地下空间事业的各界人士引以为憾。

　　自 2014 年起,我们作为我国少数专业从事城市地下空间研究与实践的团队,为适应中国城市地下空间快速增长需求,让全社会更多的人关注中国城市地下空间发展,不以利谋名,秉持公心,历经多年积累技术经验和核心数据,充分挖掘利用公共信息资源,不以时空限界为拘束,坚持用数据说话、让普通人看懂的编写主旨,每年向社会公众发布《中国城市地下空间发展蓝皮书》,以期扩大地下空间认知受众,宣传中国地下空间建设成就,传授中国地下空间发展经验,指引中国地下空间发展趋势。

　　该报告自发布以来,引起各界广泛瞩目,报告内容流传于线上线下。作为中国唯一连续公开出版的地下空间出版物,该报告所核定的基础数据和观点已被多个城市官方引录。时值庚子之秋,再次向社会公众发布《2020 中国城市地下空间发展蓝皮书》,借助首善之都的学术平台和传播媒介,冀获更为广泛的瞩目,以慰编写团队的筚路艰辛。

中国工程院院士

钱七虎

2020 年 10 月

目　　录

2019 年地下空间大事记

2 月 13 日

住房和城乡建设部与国家市场监督管理总局联合发布国家标准《城市地下综合管廊运行维护及安全技术标准》（GB 51354—2019），自 2019 年 8 月 1 日起实施。

3 月 13 日

住房和城乡建设部与国家市场监督管理总局联合发布国家标准《城市地下空间规划标准》（GB/T 51358—2019），自 2019 年 10 月 1 日起实施。

6 月 13 日

住房和城乡建设部印发《城市地下综合管廊建设规划技术导则》，以指导各地进一步提高城市地下综合管廊建设规划编制水平，因地制宜推进综合管廊建设。

7 月 20 日

国家重大科技基础设施"极深地下极低辐射本底前沿物理实验设施"项目正式进驻地底，位于四川省雅砻江锦屏山隧道地下 2400 米，标志着世界最深的极深地下实验室"中国锦屏地下实验室"进入加快建设新阶段。

"极深地下极低辐射本底前沿物理实验设施"项目启动

资料来源：钟源. 国家重大科技基础设施极深地下极低辐射本底前沿物理实验设施启动仪式举行. 凉山日报，
2019-07-21（A01）

8 月 8 日

上海张江硬 X 射线自由电子激光装置项目 5 号井 TRD（trench-cutting & re-mixing deep wall，等厚度水泥土地下连续墙）工法止水帷幕顺利完成，止水墙总长 360 米、厚 900 毫米、深 69 米。该项目为国内迄今为止投资最大（总投资约 100 亿元人民币）的科技基础设施项目，成功完成了深度达 86 米的成墙试验，创造了"世界第一深的 TRD 纪录"。

8 月 30 日

国内最大的土压平衡盾构法隧道——上海诸光路通道正式通车，该工程为国内首次采用"全预制拼装"的超大直径盾构隧道。

9 月 1 日

武汉光谷鲁磨路通道建成通车，标志着亚洲最大地下五线交汇的综合体——武汉光谷广场综合体主体结构全部建成。

10 月 23 日、24 日

第六次国际地下空间学术大会（2019 The 6th International Academic Conference on Underground Space，IACUS2019）在成都召开，大会以"新时代地下空间科学开发利用"为主题，围绕地下空间学术领域，在城市地下空间规划与设计、地下市政与交通、地下空间资源管理与安全利用、大型地下空间案例与支撑技术及城市地下空间工程专业人才培养等方面进行深入探讨。

10 月 28 日、29 日

全球城市地下空间开发利用峰会暨 2019 第七届中国（上海）地下空间开发大会召开。大会由联合国人居署与国际地下空间联合研究中心（Associated Research Centers for Urban Underground Space，ACUUS）等联合主办，会议主题为"一带一路"未来城市地下空间开发利用倡议。

11 月 25 日

住房和城乡建设部、工业和信息化部、国家广播电视总局、国家能源局发布《关于进一步加强城市地下管线建设管理有关工作的通知》。针对健全城市地下管线综合管理协调机制、推进城市地下管线普查、规范城市地下管线建设和维护等三方面提出了七项政策措施。

第 1 章

地下空间纵览

1.1 地下空间在新型城镇化进程中的历史使命

中国新型城镇化对人居环境质量提出了新要求，城市空间需求骤涨，导致建设用地粗放低效、城镇空间分布和规模结构不合理、"城市病"等问题日益突出。

城市地下空间在中国的新型城镇化进程中，被赋予了重要历史使命：地下空间利用决定着城镇化的质量与品质，成为新型城镇化一个重要的显性特征。

1.2 中国新型城镇化地下空间总体格局

中国的城市地下空间开发态势与中国的城镇化发展有着非常显著的黏附特征。这一特征既反映城市空间需求骤涨的驱动内质，同时充分体现了"中国速度"的感性特质。

根据编著者汇集的若干年数据，伴随新型城镇化进程的纵深推进及实现小康社会后城市居民向更美好的品质生活迈进，这一特征仍将长久地凸显于世界地下空间发展版图之中。以空间分布的集聚程度来衡量，截至 2019 年底，中国城市地下空间呈现"三带三心多片"的总体发展格局，如图 1.1 所示。

其中，"三带"指城市地下空间开发利用连绵带，分别为东部沿海带、长江经济带与京广线连绵带。

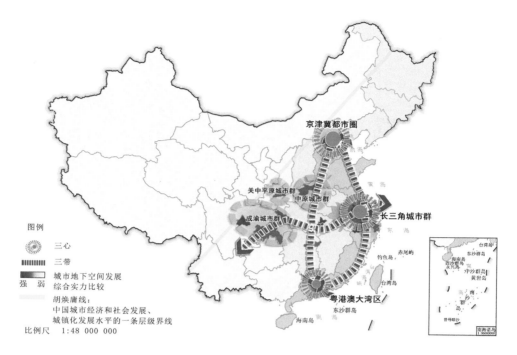

图 1.1 中国城市地下空间发展格局

"三心"指城市地下空间发展中心，区内地下空间开发利用整体水平领先全国，区内城市差距较小，以其在中国的区域位置来看，分别为北部发展中心、东部发展中心与东南发展中心。北部发展中心为京津冀都市圈，地下空间发展以人防政策等要求为主导。东部发展中心为长江三角洲城市群（简称长三角城市群），东南发展中心为粤港澳大湾区，地下空间发展均以市场力量为主导。

"多片"是指以各级中心城市为动力源，不同规模城市群为主体呈多源分布的地下空间集中发展片区，分别是以成都、重庆为核心的成渝城市群地下空间发展片，以郑州为核心的中原城市群地下空间发展片，以西安为核心的关中平原城市群地下空间发展片。典型特征是片区内城市在 2016～2019 年发展水平提升较快，其地下空间发展由政府干预和市场力量共同作用推动，城市群中心城市的地下空间发展水平较领先，其他城市与这三个发展中心的城市相比，差距仍较大。

截至 2019 年底，中国[本报告中涉及中国的各项统计数据（除第 7 章外）无特指，均未包括香港、澳门和台湾]已运营城市轨道交通的城市中，75.7%的城市位于"三带三心多片"，40.5%的城市位于"三心"中，可见中国地下空间发展态势与各城市地铁建设有一定的契合关系。地下空间总体格局与中国高铁"四横四纵"主要脉络基本一致，也从一个侧面反映了当前以交通为支撑的地下空间发展态势，如图 1.2、图 1.3 所示。

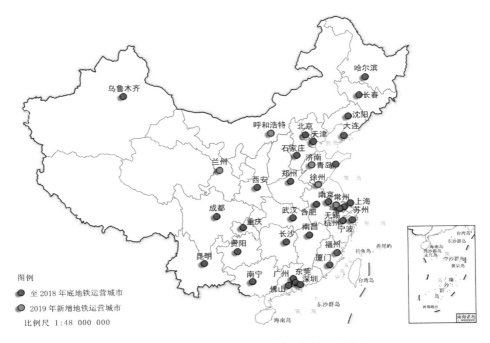

图 1.2　截至 2019 年底中国地铁运营城市分布图

不含轻轨、有轨电车、城际铁路、APM（automated people mover，自动旅客捷运）系统

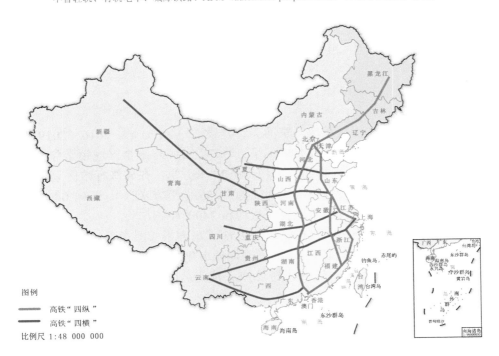

图 1.3　"四横四纵"网络分布

1.3   中国地下空间发展速度领军世界

1.3.1   中国地下空间的国际影响力

在新型城镇化战略的推进下，中国的城市发展已经成为发展中国家现代化发展的新范式，在这一世界瞩目的"中国质态"的伟大社会变革中，城市地下空间开发利用是其重要的显性特质形态之一。

综观世界地下空间发展历程，中国城市地下空间建设始于 20 世纪 50 年代，主要为备战备荒的防空地下室，较欧美、日本等发达国家和地区起步晚，但凭借强大的国家力量、经济驱动和功能需求，中国进入地下空间开发利用迅速发展阶段，"中国速度"成为国际上对中国地下空间发展最多的评价。

自本系列报告编制之初（2014 年），中国以地铁为主导的地下轨道交通、以综合管廊为主导的地下市政等快速崛起，城市地下空间开发利用呈现规模发展态势，中国不仅在建设数量、建造速度、勘测手段与建造工艺上实现了世界领先，在规划设计、装备制造和运营管理等方面也逐渐赶超发达国家（或地区），成为地下空间开发利用大国。

以地铁为例，在 50 多年的发展过程中，中国运营总里程已经稳坐世界第一的宝座。上海的地铁站点覆盖率已赶超发达国家城市，上海、北京、广州等城市地铁出行分担率已接近东京、伦敦、巴黎。相关内容详见 3.3 节。

1.3.2   中国地下空间建设量

截至 2019 年底，中国城市地下空间累计建设 22 亿平方米。2016～2019 年，中国累计新增地下空间建筑面积达到 10.7 亿平方米，以 2019 年末全国城镇常住人口 84 843 万人[①]计算，新增地下空间人均建筑面积为 1.26 平方米；在省级行政区划单位中，累计新增地下空间建筑面积最多的依次为江苏（1.36 亿平方米）、山东（1.04 亿平方米）、广东（0.99 亿平方米）三省，年均新增量均超 2400 万平方米。

2019 年中国新增地下空间建筑面积约 2.58 亿平方米（图 1.4），同比增长 3.07%，新增地下空间建筑面积（含轨道交通）占同期城市建筑竣工面积约 19%，而作为东部发展中心的长三角城市群的该比值达到 26%，成为名副其实的主导中国地下空间发展增长极。

---

① 参见国家统计局 2020 年 2 月 28 日发布的《2019 年国民经济和社会发展统计公报》。

图例

600
300
0　地下空间建筑
　　（万平方米）

比例尺　1∶48 000 000

图 1.4　2019 年各省区市新增地下空间建筑面积比较

资料来源：各地自然资源局、人防办（民防局）、住房和城乡建设局，部分根据国家统计局及各地 2020 年统计年鉴、2019
年国民经济和社会发展统计公报数据计算

1.4　区域地下空间发展综评

　　2019 年虽遭受外部因素的冲击，但中国国民经济运行总体平稳，表现为由速度发展转变为发展质量稳步提升，而不同区域在质量发展中呈现出差异化的发展特质。

　　依据国家统计局关于东、中、西部和东北地区的划分，以 2016～2019 年为时间线索，2019 年为重点研究对象，分区域进行地下空间发展综合评价，便于掌握全国地下空间发展的实时动态。通过研究发现，中部地区与东北地区在 2016～2019 年地下空间表现出同质化发展特征，故本报告将中部地区与东北地区发展综评进行合并。

1.4.1　东部地区：治理体系相对完善，注重存量用地的地下空间开发

　　东部地区汇集了中国主要的社会资源、科创力量和资本市场，是驱动中国城市地下空间开发利用的沿海发展地区，囊括了中国地下空间发展的"三心"，地下空间开发规模面广量大，功能完备，类型齐全；政策支撑文件颁布数量多，覆盖广泛，规划管理体系相对完善。

　　2019 年，东部地区的城市新增地下空间建筑面积同比回升，增长率达 4.29%（全

国为 3.07%），其中，增长幅度最大的依次为广东（20%）、浙江（12%）、江苏（9%）三省。

东部地区在建设用地总量同比减少 0.6%（全国同比增长 1.6%）的情况下，仍保持地下空间新增量的高增长，得益于存量用地资源的地下空间开发。

1.4.2　中部地区/东北地区：整体水平与东部地区差距进一步缩小

"十三五"期间，中部、东北地区的地下空间发展速度较快，地铁、综合管廊等城市地下设施系统的快速崛起提升了城市经济与社会影响力，充分反映中国城市地下空间的发展轨迹，具体表现为：地下空间建设势头迅猛，年均地下新增建筑面积与东部地区的差距值逐年缩小；城市地下空间政策管理从空白到逐步完善，初步建立地下空间治理体系；地下空间专业教育资源较丰富，平均每省拥有近 4 所开设地下空间工程专业的高校（东部地区不足 3 所），为中国地下空间的发展培养输送了一批技术人才。

1.4.3　西部地区：未有较大突破，与东部差距再次拉大

2019 年，以四川、贵州、广西为代表的城市建设速度趋缓，西部地区整体新增房屋竣工面积同比保持不变（全国同比增长 2.5%，数据来源于国家统计局及各省级行政区划单位统计局），地下空间新增面积与东部地区的差距重新扩大，差距值同比增加 7%。2016～2019 年，仅成渝城市群、关中平原城市群的核心城市地下空间发展较好，其他城市未有突破。此外，西部地区的地下空间专业教育资源与从事地下空间开发利用的专业机构短缺的问题没有较大改善。

1.5　地下空间治理有据可依

1.5.1　国标的出台规范开发利用与管理

根据各级政府公开文件整理，截至 2019 年底，中国颁布有关城市地下空间的法律法规、规章、规范性文件（简称地下空间治理文件）共 463 件。

由于顶层设计的缺失，地方性文件涉及地下空间开发利用与管理、规划编制要求、地下设施（综合管廊、地下停车、轨道交通等）建设标准等多方面。

2019 年受机构改革和国土空间规划体系仍在制定过程中的影响，全国各级政府共颁布地下空间治理文件 50 件，为 2016～2019 年全年新制定颁布地下空间治理文件最少的一年，如图 1.5 所示。

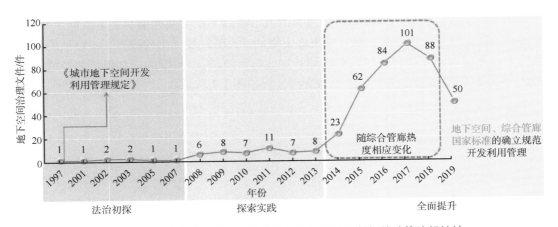

图 1.5　中国城市地下空间法治建设发展阶段及历年相关政策法规统计

从地下空间治理文件的效力层级来看，2019 年颁布的地下空间治理文件以规范性文件为主，规范性文件占总量的 80%，仍未有涉及地下空间的相关法律、部门规章。从主题类型来看，地下停车、综合管廊、地下管线、轨道交通等设施建设与管理的文件仍占主导，共 35 件，同比略降；由于地下空间规划及综合管廊规划、运维等国家标准的相继出台，各地地下空间开发利用管理有据可依，因此，新增的地下空间开发利用管理的地方规范性文件大幅减少，导致 2019 年法规政策新增数量锐减。2019 年颁布的涉及城市地下空间的法规政策类型如图 1.6 所示。

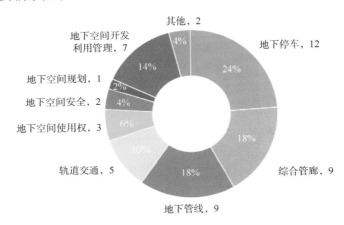

图 1.6　2019 年颁布的涉及城市地下空间的法规政策类型

1.5.2　地下空间规划以研究结论为编制依据

2019 年各级国土空间规划持续推进，规划体系优化调整，使作为城市重要专项规划之一的地下空间规划需求降低，部分城市规划编制停滞，但规划研究、技术导则等编制数量大幅上升。

为了完善规划的理论支撑，越来越多的城市在地下空间规划编制之前或同步开展规划研究、制定导则，从专业领域对城市地下空间、人防发展提出前瞻性、战略性的构想，从而为地下空间建设项目的设计和规划的实施与管理，提出科学的规划依据和监督标准。2019 年地下空间规划设计及研究市场份额分析如图 1.7 所示。

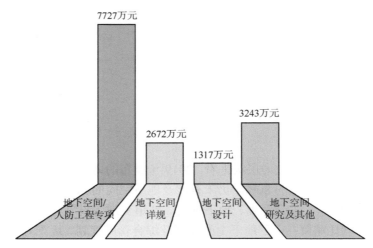

图 1.7　2019 年地下空间规划设计及研究市场份额分析

资料来源：根据中国政府采购网及各级政府公共资源交易中心官网中"地下空间规划""地下空间及人防工程规划"的招标信息与中标公告整理绘制

1.6　城市地下空间发展综合实力评价

1.6.1　地下空间综合实力评价体系构建

根据民政部统计数据，截至 2019 年底，中国建制市 684 座，其中地级市 293 座，市辖区户籍人口超过 100 万的城市 147 座。

本报告将各城市置于同一评价标准体系来统一衡量和评价，试图反映该城市地下空间发展的真实水平。城市地下空间综合实力评价体系图如图 1.8 所示。

1.6.2　2019 年城市地下空间发展综合实力 TOP10

根据地下空间综合实力评价体系，截至 2019 年底，中国城市地下空间发展综合实力排名前 10 位中，东部城市占 7 席，中部城市占 2 席，西部城市占 1 席，均位于中国地下空间发展的重点区块上，如图 1.9、图 1.10 所示。

基础　治理体系　· 地下空间政策支撑　· 地下空间规划设计与研究

建设指标

硬实力　· 城市地下空间建设情况　· 地下空间安全指标

重要设施　· 地下交通系统　· 地下市政基础设施系统　· 地下综合体　· 地下物流系统

软实力　· 开设地下空间专业的高等院校　· 地下空间专业科研机构研发水平　· 地下空间专业规划设计单位贡献值

发展潜力

图 1.8　城市地下空间综合实力评价体系图

北京
苏州
南京
上海
成都
武汉
杭州
长沙
广州
深圳
钓鱼岛
赤尾屿
台湾岛
东沙群岛
海南岛
南海诸岛
图例
2019 年地下空间综合实力城市
比例尺 1:48 000 000

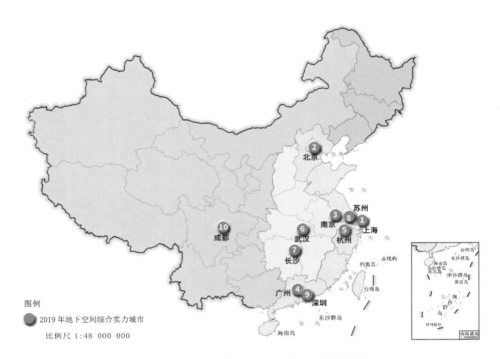

图 1.9　2019 年城市地下空间综合实力城市分布图

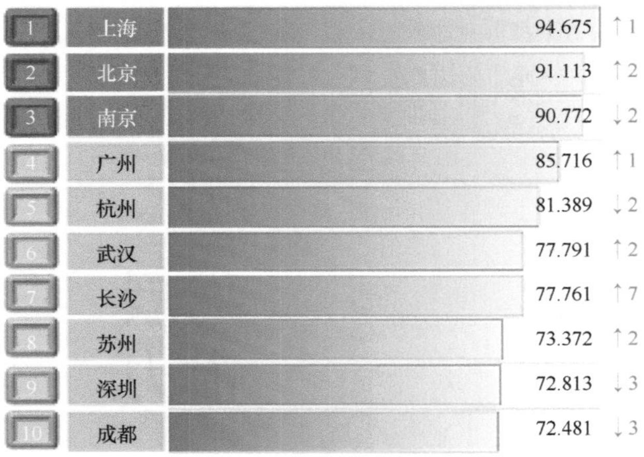

1 上海 94.675 ↑1
2 北京 91.113 ↑2
3 南京 90.772 ↓2
4 广州 85.716 ↑1
5 杭州 81.389 ↓2
6 武汉 77.791 ↑2
7 长沙 77.761 ↑7
8 苏州 73.372 ↑2
9 深圳 72.813 ↓3
10 成都 72.481 ↓3

（a）

发展潜力,
15%
治理体系,
28%
重要设施,
22%
建设指标,
35%

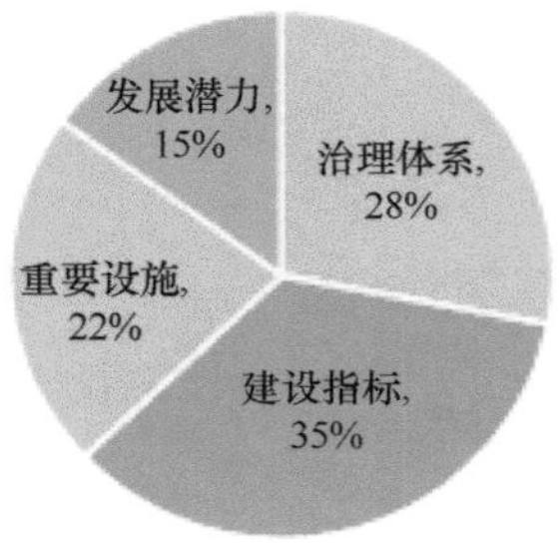

权重说明：城市地下空间综合实力指标权重由影响建设的相关性分析及主成因分析得出

（b）

图 1.10　2019 年城市地下空间发展综合实力 TOP10 排名分析

1.6.3 2019 年城市地下空间发展综合实力分项指标排名

1. 地下空间治理体系

地下空间治理体系主要考量该城市地下空间政策支撑、规划设计与研究两方面，2019 年排名前 10 位的城市如图 1.11 所示。

1）地下空间政策支撑

地下空间政策支撑主要考量截至 2019 年底，该城市颁布法规政策、规范性文件的总数量、主题类型（涵盖范围）。

2）地下空间规划设计与研究

评价对象为 2016～2019 年该城市组织编制的城市地下空间规划设计与研究，主要考察其囊括的层次（专项、详细规划、城市设计、研究）、编制数量、规划覆盖率（规划研究范围的面积占城区面积的比例）。

治理体系		
杭州	100	↑2
上海	99.74	↓1
南京	98.54	↓1
广州	97.18	↑2
北京	96.74	↓1
成都	95.64	↑3
深圳	94.16	↑2
郑州	92.14	↑7
青岛	88.98	↑3
石家庄	86.80	↑4

图 1.11　2019 年地下空间治理体系排名

2. 地下空间发展潜力

地下空间发展潜力主要考量该城市地下空间专业高校、专业科研机构研发水平、专业设计单位贡献值三个方面，2019 年排名前 10 位的城市如图 1.12 所示。

1）地下空间专业高校

地下空间专业高校主要考量截至 2019 年底，该城市开设地下空间工程专业的高等院校的累计总数量、专业开设年限；同时，该专业是否为硕博学位授权点也作为评价指标之一。

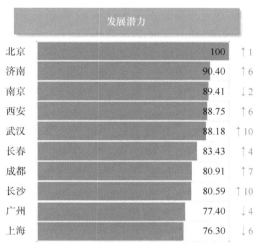

发展潜力		
北京	100	↑1
济南	90.40	↑6
南京	89.41	↓2
西安	88.75	↑6
武汉	88.18	↑10
长春	83.43	↑4
成都	80.91	↑7
长沙	80.59	↑10
广州	77.40	↓4
上海	76.30	↓6

图 1.12　2019 年地下空间发展潜力排名

2）地下空间专业科研机构研发水平

地下空间专业科研机构研发水平主要考量 2016～2019 年，该城市地下空间重大项目、科研基金研究的总数量及获批金额。详见 6.1.4 节内容。

3）地下空间专业设计单位贡献值

地下空间专业设计单位贡献值主要考量 2016～2019 年，该城市设计单位承接地下空间规划、设计及研究项目的总数量、市场占有率。详见 3.2 节内容。

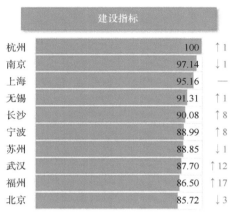

图 1.13　2019 年地下空间建设指标排名

3. 地下空间建设指标

地下空间建设指标主要考量该城市地下空间建设情况、安全指标两方面，2019 年排名前 10 位的城市如图 1.13 所示。

1）城市地下空间建设情况

城市地下空间建设情况主要考量截至 2019 年底，该城市地下空间的人均指标（人均地下空间建筑面积）、建设强度、停车地下化率及社会主导化率（市场主导建设地下空间，非按人防政策配建）。详见第 2 章内容。

2）地下空间安全指标

地下空间安全指标主要考量 2019 年该城市地下空间事故发生频次与新增地下空间建筑面积之间的比值，该比值的数值越小，安全系数越高。详见第 7 章内容。

4. 重要地下功能设施建设

2019 年 9 月，中共中央、国务院印发了《交通强国建设纲要》，提出"积极发展无人机（车）物流递送、城市地下物流配送等"。因此，重要地下功能设施建设的评价指标初步搭建是由城市地下交通系统、地下市政基础设施系统、地下综合体、地下物流系统等方面组成的评价体系。截至 2019 年底，中国未有地下物流系统建成案例，之后每年重要地下功能设施建设的评价将沿用上年度评价体系，待有地下物流系统建成使用案例，将重新计算权重排名。2019 年，重要地下功能设施建设排名前 10 位的城市如图 1.14 所示。

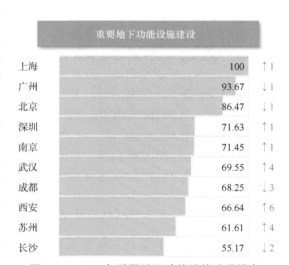

图 1.14　2019 年重要地下功能设施建设排名

1）地下交通系统

地下交通系统主要考量截至 2019 年底，该城市已建成城区轨道交通线网密度、轨道交通在公共交通中的分担率、轨道交通系统客流强度（全年平均每日每公里轨道交通的通勤人次），以及城区地下道路、隧道建设数量。

2）地下市政基础设施系统

地下市政基础设施系统主要考量截至 2019 年底，该城市已建成综合管廊覆盖率、综合管廊入廊情况、已建成地下市政设施类型与数量（污水处理厂、变电站、水厂等），以及真空垃圾收集系统投入使用的项目数量。

3）地下综合体

地下综合体主要考量 2019 年该城市大型地下综合体数量增加值。

4）地下物流系统

地下物流系统主要考量 2019 年该城市地下物流系统建设长度。

第 2 章

地下空间建设

2.1 城市地下空间建设评价指标

2.1.1 城市地下空间建设评价指标体系

1. 调研城市

本报告对 30 个县级市、170 个地级及以上城市，共 200 个城市进行调研。

2. 样本城市

结合中国城市经济、社会基础、交通需求关键数据和地下空间发展指标等进行综合分析后，按照样本城市选取依据和条件，选取 100 个样本城市进行展现。

3. 数据来源

数据来源为各省区市统计年鉴、统计公报，各省区市城市规划、地下空间规划等编制中实施调研数据，城市规划、交通、经济等政府官方网站发布的统计数据，政府开放数据集等。

4. 数据呈现

城市基础开发建设评价指标体系包括 3 类 10 个指标要素，其中专门针对地下空间发展的指标有 4 个。

5. 统计周期

统计周期为截至 2019 年底。

6. 评价指标

借助国内关注城市地下空间的中央级媒体、刊物、中央重点新闻网站及地方政府网站、新闻网站，分析相关数据，制作城市地下空间基础开发评价图，将各城市置于同一评价标准体系来统一衡量和评价该城市地下空间开发建设的真实水平。评价指标体系包括 3 类 10 个指标要素，如图 2.1 所示。

图 2.1　城市地下空间建设评价指标体系

通过数据采集提取、整理汇总、推算验算等手段，择取城市经济、社会基础、交通需求和地下空间发展指标，以图形进行直观的对比分析，如图 2.2 所示。

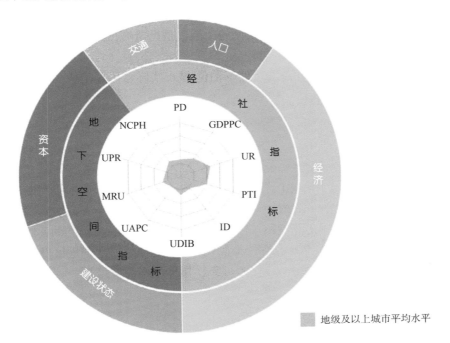

图 2.2　城市地下空间建设评价分类指标蛛网图

7. 蛛网图指标说明

（1）PD 为人口密度（population density）。

（2）GDPPC 为人均 GDP（GDP per capita）。

（3）UR 为城镇化率（urbanization ratio）。

（4）PTI 为第三产业比重（proportion of the tertiary industry）。

（5）ID 为产业密度（industry density）。

（6）NCPH 为小汽车百人保有量（retain number of passenger cars per hundred people）。

（7）UDIB 为建成区地下空间开发强度（underground space development intensity of built-up）。建成区地下空间开发强度为建成区地下空间开发建筑面积与建成区面积之比，是衡量地下空间资源利用有序化和内涵式发展的重要指标，开发强度越高，土地利用经济效益就越高。

$$建成区地下空间开发强度=建成区地下空间开发建筑面积/建成区面积$$

（8）UAPC 为人均地下空间规模（underground space area per capita）。城市或地区地下空间（竣工）建筑面积的人均拥有量是衡量城市地下空间建设水平的重要指标。

$$人均地下空间规模=市区地下空间总规模/市区常住人口$$

（9）MRU 为地下空间社会主导化率（market-orient ratio of underground space）。地下空间社会主导化率为城市普通地下空间（扣除人防工程规模）规模占地下空间总规模的比例，是衡量城市地下空间开发的社会主导或政策主导特性的指标。

$$地下空间社会主导化率=普通地下空间规模/地下空间总规模$$

（10）UPR 为停车地下化率（underground parking ratio）。停车地下化率为城市（城区）地下停车泊位占城市实际总停车泊位的比例，是衡量城市地下空间功能结构、基础设施合理配置的重要指标。

$$停车地下化率=地下停车泊位/城市实际总停车泊位$$

2.1.2　样本城市选取

1. 选取依据

样本城市的选取依据为：城市经济、社会基础、交通需求和地下空间发展等历年指标相对齐全的城市；涵盖不同行政级别城市，包括直辖市、省会（首府）、副省级城市、地级市、县级市；涵盖不同城市规模等级，包括超大城市、特大城市、大城市、中等城市及小城市；不同区域分布相对均衡，东部地区、中部地区、西部地区及东北地区均有分布；选取城市具备样本特征，数据来源可靠、指标体系评价可行。

2. 样本城市

结合中国城市经济、社会基础、交通需求关键数据和地下空间发展指标等进行综合分析后，按照样本城市选取依据和条件，选取 100 个样本城市。

1）按城市行政级别

100 个样本城市按城市行政级别划分，直辖市、省会（首府）、副省级城市占 30%，地级市占 64%，县级市占 6%，如图 2.3 所示。

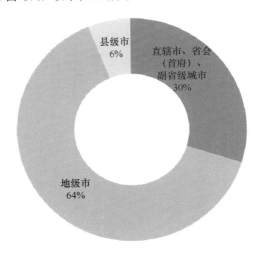

图 2.3　样本城市行政级别分类

2）按城市空间分布

100 个样本城市按城市空间分布划分，东部地区占 56%、中部地区占 22%、西部地区占 14%、东北地区占 8%，如图 2.4、图 2.5 所示。

3）按城市规模等级

100 个样本城市按城市规模等级分布划分，超大城市占 5%、特大城市占 5%、大城市占 52%（Ⅰ型大城市占 15%、Ⅱ型大城市占 37%）、中等城市占 31%、小城市占 7%，如图 2.6 所示。

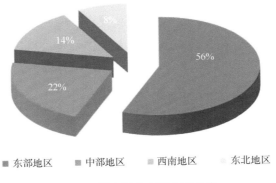

■ 东部地区　■ 中部地区　■ 西南地区　■ 东北地区

图 2.4　样本城市空间分布分类

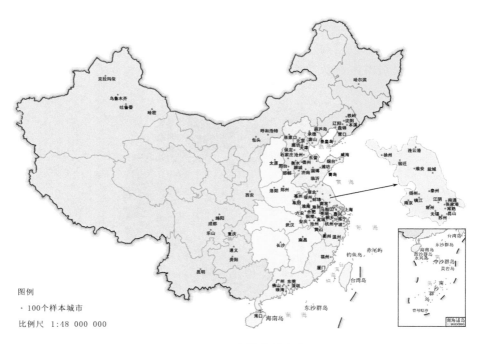

图 2.5   100 个样本城市分布图

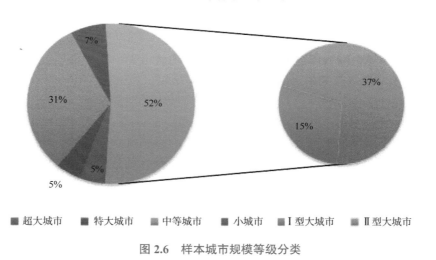

■ 超大城市   ■ 特大城市   ■ 中等城市   ■ 小城市   ■ I 型大城市   ■ II 型大城市

图 2.6   样本城市规模等级分类

2.1.3   样本城市地下空间建设评价指标

1. 直辖市、省会（首府）、副省级城市比较分析

本报告选取 30 个直辖市、省会（首府）及副省级城市进行指标比较与分析。

1）城市经济、社会相关指标

通过对样本城市社会经济发展数据、地下空间发展数据进行统计分析，截至 2019 年底，中国城市地下空间指标整体趋势与人均 GDP 的关联度最高。

30 个直辖市、省会（首府）及副省级城市中，人均 GDP、城镇化率指标普遍较高，人均 GDP 平均超过 11.4 万元，城镇化率有 26 个城市超过 70%；人口密度与产业密度指标呈现同步发展趋势，产业密度除了乌鲁木齐外，其余城市均超过全国平均水平；第三产业比重普遍高于 60%，比重较低的城市主要有南昌、宁波、重庆、大连等。相关指标情况如图 2.7、图 2.8 所示。

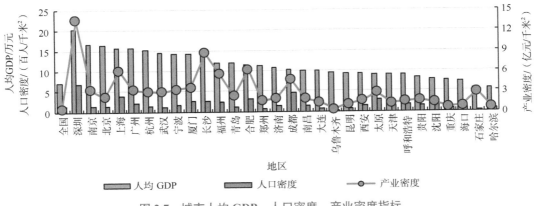

图 2.7　城市人均 GDP、人口密度、产业密度指标

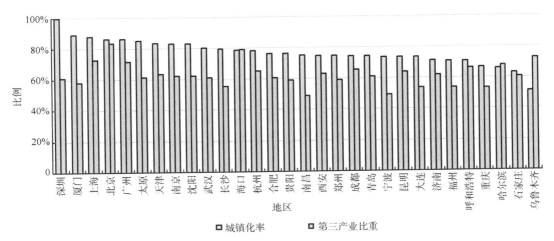

图 2.8　城镇化率、第三产业比重指标

30 个直辖市、省会（首府）及副省级城市的经济社会发展水平普遍较高，其地下空间开发水平整体高于全国平均水平。

通过对城市经济、社会相关指标进行分析，各项指标均排在前列的城市为上海、深圳、广州、南京等，这类城市地下空间开发具有良好的经济基础，年均增长较快。

2）城市地下空间指标

A. 人均地下空间规模

人均地下空间规模与建成区地下空间开发强度有显著相关性，两个指标都反映了一个城市地下空间开发的水平。从这 30 个样本城市来看，人均地下空间规模指标与建成区地下空间开发强度整体上是正相关的，大体发展趋势一致，如图 2.9 所示。

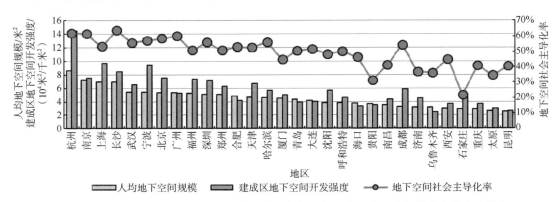

图 2.9   人均地下空间规模、建成区地下空间开发强度及地下空间社会主导化率指标

人均地下空间规模超过 6 平方米的城市共 4 个，分别为杭州、南京、上海和长沙；人均地下空间规模为 5～6 平方米的城市共 7 个，分别为武汉、宁波、北京、广州、福州、深圳和郑州。

B. 建成区地下空间开发强度

样本城市中建成区地下空间开发强度较高的有杭州、上海、宁波、长沙、南京、北京、福州、深圳、天津、武汉、郑州等城市，以上城市的建成区地下空间开发强度均超过 6×10^4 米 ^{2}/千米 ^{2}。假设城市地下空间仅按地下一层建设，那么以上城市的地下空间已覆盖超过 6% 的建成区。

C. 地下空间社会主导化率

人防工程作为地下空间的强制指标，是城市的安全底线，地下空间社会主导化率超过 50% 后，表明城市地下空间开发逐步从市场需求出发，政策主导的人防功能相对来说不再占据地下空间开发的主导地位。

截至 2019 年底，样本城市中地下空间社会主导化率较高的城市为长沙、杭州、南京、广州、北京、宁波、哈尔滨、深圳、武汉，地下空间社会主导化率已超过 50%，其地下空间开发与市场需求关联紧密，除人防功能以外，其他地下功能开发多样，综合化趋势与市场化行为明显。

D. 停车地下化率

地下停车是城市地下空间开发的主要动因，地下停车规模一般占城市地下空间总体规模的比例在 75% 以上，一般人均地下规模较大的城市，其地下停车的规模也相对较大。

停车地下化率与小汽车百人保有量直接关联，小汽车百人保有量越高的城市，其停车地下化率一般也会比较高。在这 30 个样本城市中，停车地下化率指标超过 45% 的城市主要包括杭州、上海、深圳、天津、南京、广州、武汉、北京、重庆、长沙（图 2.10），这些城市地下停车在地下空间利用中占有重要地位。

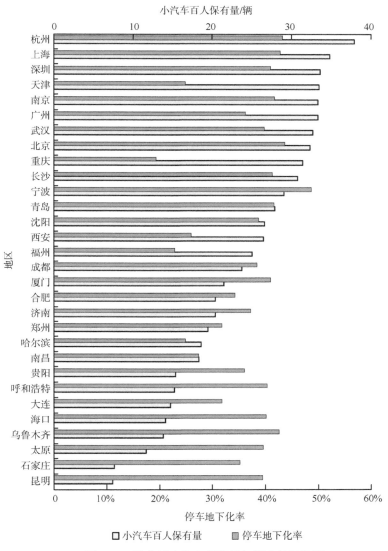

图 2.10　样本城市汽车保有量与停车地下化率

2. 地（县）级市比较分析

本报告选取 64 个地级市和 6 个县级市，共 70 个城市作为地（县）级市的样本城市进行分析。

1）城市经济、社会相关指标

70 个地（县）级样本城市中，产业密度较高的城市的人均 GDP、人口密度、第三产业比重及城镇化率普遍也相对较高。图 2.11 中展示出来的 30 个样本地（县）级市中，产业密度靠前的 5 个城市包括无锡、南通、嘉兴、昆山、苏州，其人均 GDP 也非常高，均已超过 12 万元。

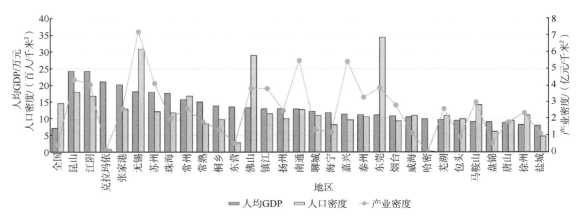

图 2.11   人均 GDP 排名前 30 名的样本城市人口密度、产业密度比较

70 个样本地（县）级市中，人口密度排名前 10 的城市，包括临沂、东莞、无锡、佛山、营口、宿迁、温州、沧州、昆山、江阴，山东作为人口大省，省内各市人口密度普遍较高。

70 个样本地（县）级市中，产业密度较高的城市，其人均 GDP、人口密度、第三产业比重及城镇化率普遍也相对较高；产业密度排名前 10 的城市中，江苏省有 5 个、浙江省有 2 个、广东省有 2 个、河北省有 1 个。

城镇化率排名前 10 的城市有克拉玛依、佛山、东莞、珠海、包头、昆山、无锡、苏州、常州、盘锦（图 2.12），长三角城市群和珠三角城市群内的城市城镇化率普遍在样本城市中排名靠前，同时克拉玛依、东营、盘锦等资源型城市的城镇化率也较高。

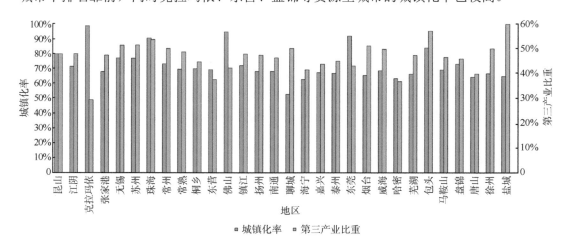

图 2.12   人均 GDP 排名前 30 名的样本城市城镇化率、第三产业比重比较

第三产业比重较高的样本城市中，河北、安徽、山东等省区市的地级市第三产业比重增长较快，70 个样本地（县）级市排名前 10 的城市中河北占据 5 个，分别是沧州、廊坊、张家口、保定、秦皇岛，安徽 1 个、山东 1 个，其余 3 个分别是温州、包头、珠海。相比较 2018 年而言，比较突出的江苏及浙江地区部分县级市第三产业比重增长较缓。

2）城市地下空间指标

A. 人均地下空间规模

70 个地（县）级样本城市中，人均地下空间规模在 5.0 平方米以上的城市有 8 个，包括苏州、江阴、昆山、温州、无锡、常熟、扬州、烟台，均是位于东部地区的城市，尤其是江浙地区占了 7 个，如图 2.13 所示。

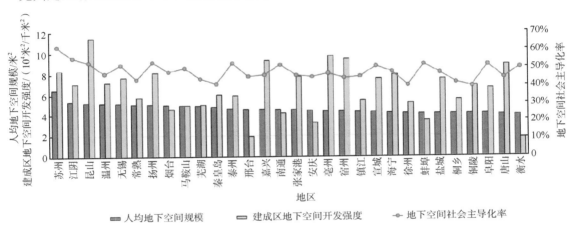

图 2.13　人均地下空间规模排名前 30 的样本城市人均地下空间规模、建成区地下空间开发强度、地下空间社会主导化率对比

人均地下空间规模在 4.0 平方米以上的城市有 29 个，相比 2018 年人均地下空间规模在 3.5 平方米以上的城市有 30 个的指标来看，2019 年地下空间依然处于快速增长期，地级市样本中苏州等城市人均指标已高达 6.5 平方米。

B. 建成区地下空间开发强度

70 个样本城市中，建成区地下空间开发强度超过 7.0×10^4 米^2/千米^2 的有 18 个城市、超过 6.0×10^4 米^2/千米^2 的城市有 22 个，相比 2018 年超过 6×10^4 米^2/千米^2 的地（县）级市有 11 个的指标来看，2019 年建成区地下空间开发强度的增长速度非常快。

C. 地下空间社会主导化率

地下空间社会主导化率较高的城市中，位列前 10 名的是苏州、江阴、扬州、昆山、泰州、包头、蚌埠、南通、无锡、阜阳等，历年相比，苏州、江阴、无锡、昆山这 4 个城市一直都处于前 10 名的行列中，珠海、海宁、义乌、张家港等往年进入前 10 的城市在 2019 年换成了扬州、泰州、包头、蚌埠等城市。在 2019 年前 10 名城市中江苏省就占了 7 席，其都是产业发展较好的地（县）级市。东部地区城市经济发展快，市场相对开放，对地下空间需求较大，地下空间功能复合性较高。

D. 停车地下化率

东部地区城市的汽车保有量大，停车地下化率也高，所以部分Ⅱ型大城市、中等城市停车压力相对略小；西部及东北地区部分大、中城市汽车保有量小，即便停车地下化率不高，但其城市停车压力也相对较小。样本城市汽车保有量与停车地下化率如图 2.14 所示。

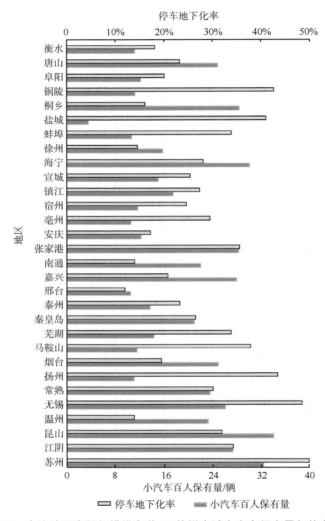

图 2.14　人均地下空间规模排名前 30 的样本城市汽车保有量与停车地下化率

停车压力较小的城市主要在西部地区的新疆维吾尔自治区内的各地级市、地区、自治州，中部地区的安徽省，以及东北地区的辽宁省部分城市，停车压力较大的主要是Ⅰ型、Ⅱ型大城市，如苏州、无锡、常州、东莞、铜陵、温州、沧州、盐城、马鞍山、江阴、蚌埠、芜湖等城市。

地（县）级市停车压力普遍低于直辖市、省会（首府）及副省级城市，停车压力较大的主要是资源型城市、经济发展快的东部地（县）级市，这类城市汽车保有量较高，同时停车地下化率并不高。

2.2 2019 年城市地下空间建设实力评价

2.2.1 2015～2019 年全国城市地下空间开发整体上处于平稳的上升趋势

综合 2015～2019 年样本城市数据，从整体指标趋势来看，全国地下空间开发整体上处于平稳的上升趋势。样本城市人均地下空间规模，2019 年平均值为 3.07 平方米，2018 年为 2.67 平方米，整体上平稳增长。但超大、特大城市与大、中型城市地下空间发展水平及增长情况存在一定差异。

超大、特大城市 2015～2019 年地下空间开发基本都是稳步上升的（图 2.15），地下空间人均指标平均值从 2015 年到 2019 年，平均值每年增长达到 0.7 平方米。

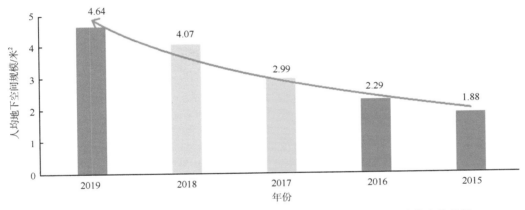

图 2.15 超大、特大城市 2015～2019 年地下空间人均指标平均值变化趋势

大、中型城市 2015～2019 年地下空间开发水平相对比较稳定，整体的地下空间人均指标平均值在 2015 年至 2019 年呈现微涨趋势，但 2018 年到 2019 年平均值增幅超过 1.0 平方米，相对 2015～2018 年增幅平均值为 0.5 平方米来说，2019 年地下空间增长较快，如图 2.16 所示。

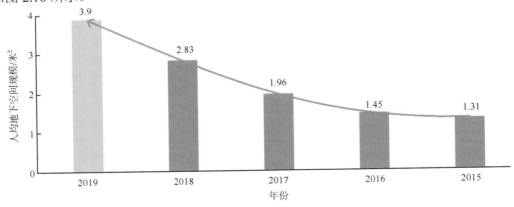

图 2.16 大、中型城市 2015～2019 年地下空间人均指标平均值变化趋势

2.2.2　2019 年人均地下空间规模最大十大城市

在选取的 100 个样本城市中，2019 年人均地下空间规模城市排名 TOP10 的城市，排名前三的是杭州、南京、上海，长沙位于第四名。

比较 2017～2019 年的人均地下空间规模，2019 年整体上升了一个层级。2017 年 TOP10 的城市人均地下空间指标为 3.7～5.8 平方米，2018 年 TOP10 的城市人均地下空间指标为 4.4～6.7 平方米，2019 年 TOP10 的城市人均地下空间指标为 5.3～8.6 平方米（图 2.17～图 2.19）。

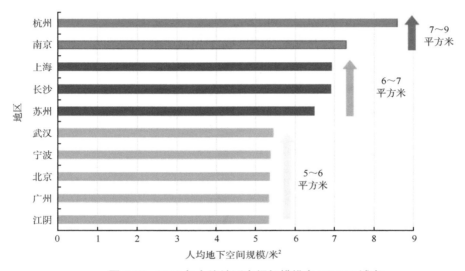

图 2.17　2019 年人均地下空间规模排名 TOP10 城市

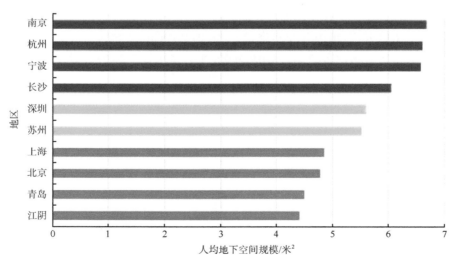

图 2.18　2018 年人均地下空间规模排名 TOP10 城市

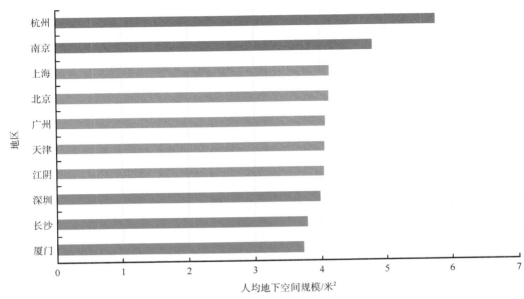

图 2.19　2017 年人均地下空间规模排名 TOP10 城市

2019 年 TOP10 城市中人均地下空间规模均超过 5.0 平方米，其中第一梯队 7.0～9.0 平方米的城市包括杭州、南京，第二梯队 6.0～7.0 平方米的城市包括上海、长沙、苏州，第三梯队 5.0～6.0 平方米的城市包括武汉、宁波、北京、广州、江阴，详见表 2.1。

表 2.1　2019 年 TOP10 城市人均地下空间规模统计表

排名	城市	分布区域	行政级别	城市规模等级
1	杭州	东部	省会城市	特大城市
2	南京	东部	省会城市	特大城市
3	上海	东部	直辖市	超大城市
4	长沙	中部	省会城市	I 型大城市
5	苏州	东部	地级市	I 型大城市
6	武汉	中部	省会城市	特大城市
7	宁波	东部	副省级城市	II 型大城市
8	北京	东部	直辖市	超大城市
9	广州	东部	省会城市	超大城市
10	江阴	东部	县级市	II 型大城市

1. 杭州、南京连续 4 年保持人均地下空间指标排名前两位，且杭州人均地下空间指标首次突破 8.0 平方米

2019 年杭州人均地下空间指标略高于南京，由 2018 年的第二位上升为第一位，人均指标达到 8.5 平方米。

2. 北京排名下降至第八位，上海由七进三

北京在经济和城市建设稳步发展的情况下，地下空间增长趋势相对稳定，人均面积增长也处于稳步发展中，相比而言，长沙、苏州等城市地下空间处于快速发展中，地下空间人均指标的年均涨幅相比人口规模涨幅更大。

3. 深圳 2015～2019 年首次未能进入人均指标 TOP10

深圳地下空间开发进入成熟稳步发展阶段，地下空间开发和人口规模增速相对稳定，相比较而言，宁波、苏州等城市地下空间处于成熟稳步发展的前期阶段，因地铁建设等因素，地下空间近几年年均增速较快，所以人均指标赶超深圳进入前十。但 2019 年，深圳地下空间在轨道运营、地下综合体等重要地下功能设施建设方面较为突出，仅次于上海、广州、北京，位列第四。

4. 2018 年首次进入人均指标 TOP10 的青岛，2019 年被其他城市赶超

2018 年因地铁建设及城市人口增速减缓因素，青岛人均指标排名处于 TOP10 城市中的第三阶段，2019 年青岛地下空间建设相对稳定，而同样保持稳定增长的广州，其整体增速高于青岛增速，所以实现赶超成为第九位，而青岛未能进入前十。

2.2.3　2019 年地下空间社会主导化率 TOP10 城市，超大、特大城市社会化发展优势明显

地下空间社会主导化率 TOP10 城市中有 6 个是超大、特大城市，均为直辖市、省会或副省级城市，城市定位越高、规模越大，经济发展也越快，市场化程度越高，地下空间在满足人防政策要求基础上，进一步根据社会市场需求进行大规模开发，所以地下空间社会主导化非常明显，地下空间社会主导化率均超过 55%，地下空间使用功能更综合、更丰富。同时，数据表明，地下空间社会主导化率高的城市，其人防工程的社会共享化、公益化使用程度也更高，以更好地缓解社会停车压力。2019 年地下空间社会主导化率 TOP10 城市如图 2.20 所示。

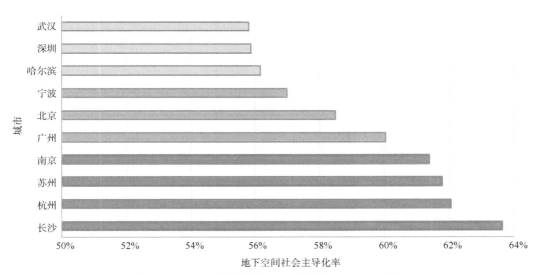

图 2.20　2019 年地下空间社会主导化率 TOP10 城市

第 3 章

地下空间行业与市场

3.1 以综合管廊为主导的地下市政

3.1.1 已建综合管廊中西部领衔

截至 2019 年底，中国综合管廊的已建长度达到 4679.58 公里，其中，山东、陕西、四川为已建长度前三名的省份，长度均超过 300 公里。2019 年新建综合管廊长度为 2226.14 公里，其中，浙江、陕西、四川依次为当年综合管廊新建长度前三名的省份，新建长度均超过 200 公里。[①]2019 年综合管廊总长度与当年新建长度统计如图 3.1 所示。

根据各省、市政府公开数据统计，截至 2019 年底，综合管廊已建与在建长度近 8000 公里。

《全国城市市政基础设施建设"十三五"规划》提出：至 2020 年，全国城市道路综合管廊综合配建率力争达到 2%左右。以 2019 年建成区道路长度 391 512.11 公里[①]计算，中国综合管廊建设应达到约 7830 公里，目前综合管廊已建与在建长度均已达到目标。2017～2019 年均新建综合管廊 2198 公里，结合全国 31 个省级行政区划单位公布的城市地下综合管廊建设规划，合计拟建设城市地下综合管廊 12 000 公里以上。由此预估，至 2020 年底，中国综合管廊建设总长度将超过 10 000 公里。

3.1.2 综合管廊试点城市超额完成试点任务

截至 2019 年 12 月底，综合管廊试点城市示范效应显著，试点城市分布如图 3.2 所示。

---

① 参见住房和城乡建设部 2020 年 12 月 31 日发布的《2019 年城市建设统计年鉴》.

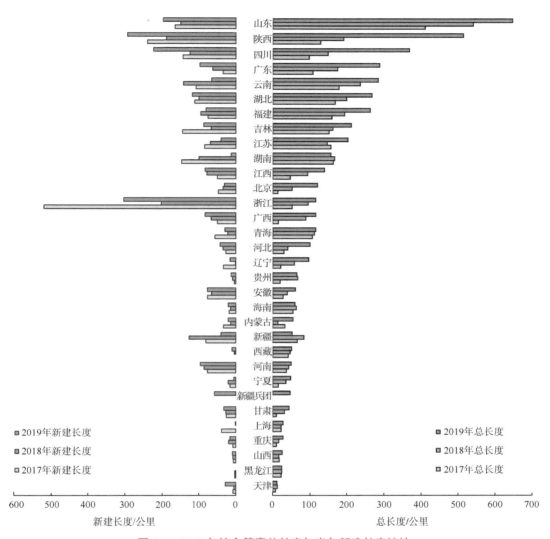

图 3.1　2019 年综合管廊总长度与当年新建长度统计

资料来源：根据住房和城乡建设部官网《城市建设统计年鉴》、各省区市发改委和规划建设管理部门官网中综合管廊的公开数据整合

第一批综合管廊试点城市基本超额完成试点任务。其中，苏州市已于 2019 年 12 月完成为期 3 年的试点建设任务，经财政部、住房和城乡建设部考评，考核成绩位列试点城市前三，目前已全面开展非试点管廊建设。厦门市因超额完成了试点任务，获中央财政 9000 万元奖励。十堰市自 2015 年以来，采用 PPP（public-private partnership，政府和社会资本合作）模式投资 50 亿元，建设地下综合管廊总长 56.1 公里。六盘水市自 2015 年以来，历经 3 年的持续奋战，已完成 39 公里的地下综合管廊建设任务，并进入运营期。

第二批综合管廊试点城市建设进入收尾阶段。其中，青岛市所有试点项目已于 2018 年投入运营，截至 2019 年 11 月，青岛市全域建成并投入运维的干线、支线管廊达 110 公里，入廊管线总长度近 1000 公里，成为全国综合管廊网络布局最广、规模最大的城市。

石家庄市地下综合管廊建设试点项目共 18 个，全长 45.77 公里，截至 2019 年 12 月，已完成约 69.3 公里的地下综合管廊建设任务，为投入运营做最后的准备。

图 3.2   综合管廊试点城市分布图

3.1.3   综合管廊投融资模式仍以企业债券和 PPP 为主

2019 年各地政府综合管廊建设进一步推行地方政府债券及 PPP。国家及地方发展和改革委员会的公开数据显示，2019 年共批复 8 只综合管廊企业债券，主要覆盖 8 个省区，包括江西、广西、山东、陕西、安徽、吉林、福建及湖南。其中，陕西省西咸新区获批的综合管廊专项债券最多，投资额达 32 亿元，发行期限为 7 年。

2019 年综合管廊 PPP 项目比 2018 年略有下降，其中石河子综合管廊项目是新疆目前最大的综合管廊项目，也是新疆兵团的第一个综合管廊项目，以及第一个完成了 PPP 公开招标的项目。天津北辰区综合管廊项目是天津市首个 PPP 模式建设综合管廊的项目。济宁市中心城区综合管廊 PPP 项目先后被评为国家级、省级 PPP 示范项目，其综合管廊总里程 9.9 公里，总投资额达 13.62 亿元。

3.1.4   综合管廊设计市场热度持续低迷

1. 产值小幅下降

根据 2019 年中国政府采购网上的招投标项目的数据统计，全年综合管廊规划设计市场总产值 2833.76 万元（以公开招标信息中的中标金额计算，部分项目未公开中标金额以招标限价统计），尤其第三季度，跌破百万级，同比下降高达 98.6%，如图 3.3 所示。

图 3.3　2019 年综合管廊各季度编制费用和数量分析图

资料来源：根据中国政府采购网及各级政府公共资源交易中心官网中"综合管廊"的招标信息与中标公告整理绘制

结合近几年综合管廊建设实际，住房和城乡建设部于 2019 年 6 月印发了《城市地下综合管廊建设规划技术导则》，进一步规范综合管廊建设规划体系，因此在经历了 2018 年至 2019 年第三季度综合管廊设计市场断崖式下跌后，第四季度有所回暖，2019 年市场需求同比下降 26%，管廊建设以地级市为主。

2019 年综合管廊规划设计市场产值按季度呈波浪式变化，第一季度的项目最多、产值最高，为 1452.56 万元；第三季度仅 1 个项目，为安徽怀宁县项目，建设里程短，产值为 12.8 万元；其他两个季度的项目主要集中在地级市，相关项目的显著特征为城市核心区或新区的综合管廊规划，因此单个项目产值相对较高，均值超过 150 万元。

为了进一步分析综合管廊规划设计市场现状，以单个项目产值统计，2019 年 100 万元以下的市场占总量的 47%，但是 100 万～300 万元的项目市场份额紧随其后，占总量的 40%（图 3.4），该区间市场主要集中在大城市及以上城市的某个核心区或新区。

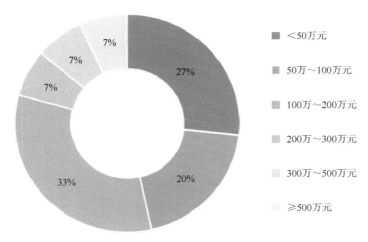

图 3.4　2019 年综合管廊规划项目单个项目产值区间占比图

资料来源：根据中国政府采购网及各级政府公共资源交易中心官网中"综合管廊"的招标信息与中标公告整理绘制

2. "鲁豫粤"市场稳定

2019 年，广东、河南、山东三省的综合管廊规划设计市场产值总体与 2018 年相比略有增长，市场需求仍然位列前茅。以"规划先行"的理念预测，未来两年"鲁豫粤"三省综合管廊规划市场将继续保持热度，将呈现缓慢增长的趋势，同时区域内将掀起新一轮综合管廊建设热潮。

北京市在 2018 年的零增长之后，2019 年度市场份额为 139 万元，海南省虽然仅有 1 个项目（市场份额 100.3 万元），但同比增长了 12.6%。2019 年综合管廊各省（自治区、直辖市）综合管廊采购方编制费分布等级图，如图 3.5 所示。

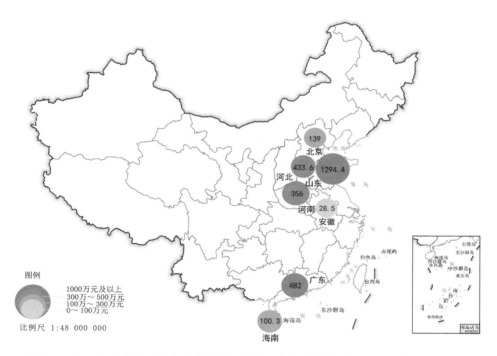

图 3.5　2019 年综合管廊各省（自治区、直辖市）综合管廊采购方编制费分布等级图
资料来源：根据中国政府采购网及各级政府公共资源交易中心官网中的招标信息与中标公告整理绘制

以综合管廊规划设计市场所在的城市/区县为统计对象，2019 年综合管廊规划设计市场分布在 7 个城市/区县，显著的市场特征为单个项目产值相对较高（均值超过 150 万元），设计范围集中在城市核心区或新区，从分布规律来判断，市场继续以东部沿海城市为主。其中，济南新旧动能转换先行区市场的产值最高，达 983 万元；其次是佛山三龙湾，达 482 万元，如图 3.6 所示。

3. 设计需求市场牵头人仍是规划部门，供应市场被瓜分

2019 年综合管廊规划设计市场的需求方以地方住房和城乡建设局为主，究其原因主要是随着各地部门机构改革，综合管廊的规划建设与管理工作有待明确，同时根据《城市地下综合管廊建设规划技术导则》中的要求，综合管廊规划设计的需求市场更偏向实施建设层面。综合管廊设计采购方类型如图3.7所示。

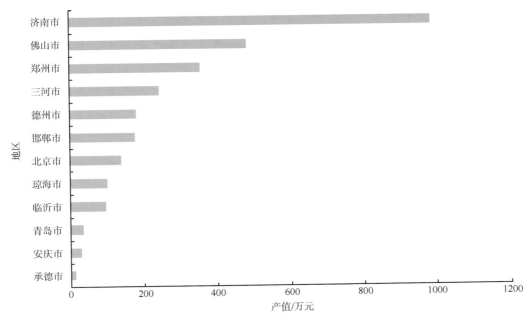

图3.6 2019年综合管廊各城市需求市场份额排名

资料来源：根据中国政府采购网及各级政府公共资源交易中心官网中的招标信息与中标公告整理绘制

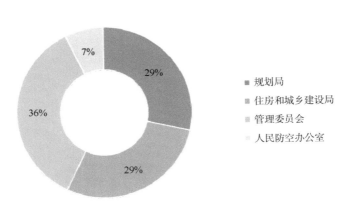

图3.7 综合管廊设计采购方类型

资料来源：根据中国政府采购网及各级政府公共资源交易中心官网中的招标信息与中标公告整理绘制

供应商纷纷加入综合管廊设计市场竞争中，数量显著增长。2019年的供应商依然凭借地缘优势占领本地市场，需求市场延续上年度，与供应市场几乎重合，但2019年上海市凭借雄厚的综合实力，市场份额为688万元，是上年市场份额的17倍。综合管廊设计市场产值及产值比重如图3.8和图3.9所示。

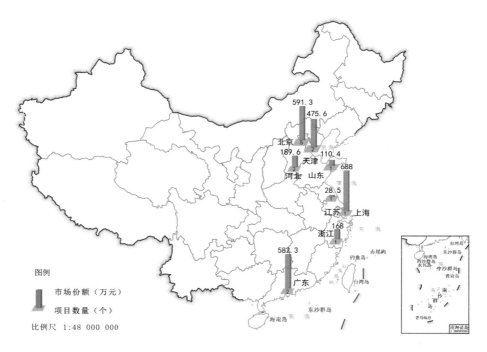

图 3.8 2019 年综合管廊设计市场产值一览（以设计机构所在城市统计）

资料来源：根据中国政府采购网及各级政府公共资源交易中心官网中的招标信息与中标公告整理绘制

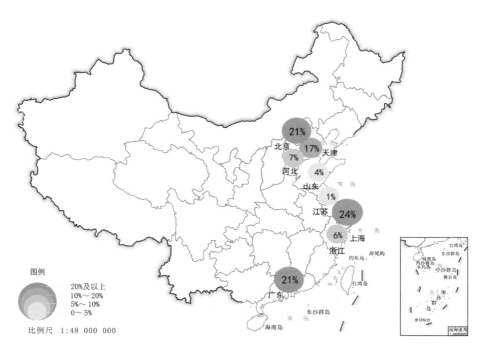

图 3.9 2019 年综合管廊设计市场中产值比重一览（以设计机构所在城市统计）

资料来源：根据中国政府采购网及各级政府公共资源交易中心官网中的招标信息与中标公告整理绘制

3.1.5　推行垃圾分类为推动真空垃圾收集系统建设创造条件

2019 年 2 月，住房和城乡建设部在上海召开全国城市生活垃圾分类工作现场会。在包括济南等 46 个重点城市先行先试的基础上，4 月 26 日，住房和城乡建设部等 9 部门印发了《关于在全国地级及以上城市全面开展生活垃圾分类工作的通知》，要求从 2019 年起，全国地级及以上城市全面启动生活垃圾分类工作；到 2020 年，46 个重点城市基本建成生活垃圾分类处理系统；到 2025 年，全国地级及以上城市基本建成生活垃圾分类处理系统。

2019 年 7 月 1 日起，《上海市生活垃圾管理条例》正式开始施行，严苛的分类标准与执行手段使垃圾分类处理成为当下热点。垃圾分类的制度运行，从源头解决了真空垃圾收集系统中不同类型垃圾混装可能造成的设备损坏、管道堵塞问题，为真空垃圾收集系统提供了良好的建设条件。

真空垃圾收集系统是一种高效、卫生的垃圾收集设备。运送过程中垃圾完全密闭收集与运输，能有效减少二次污染，有效提升区域环境。该系统基本能避免人力车等垃圾运输工具穿行于居住区，有利于保持清爽的居住环境，已成为城市精细化管理，维护生态安全,保障经济社会可持续发展的措施之一。该系统现在广泛应用于医院、CBD（central business district，中央商务区）、大型酒店、住宅、园区、机场等。

截至 2019 年底，真空垃圾收集系统主要分布于京津冀、长三角、粤港澳大湾区三大城市群。作为粤港澳大湾区中心城市、国际科技创新中心、"一带一路"建设重要支撑之一的广州，为全国应用实例最多的城市，共 9 处；北京、上海等城市应用较广泛。截至 2019 年底真空垃圾收集系统分布如图 3.10 所示。

图 3.10　真空垃圾收集系统分布（截至 2019 年底）

根据真空垃圾收集系统的分布规律，结合未来城市打造宜居、宜业、宜游的优质生活圈的需求，初步判断，城市新区、商务中心、大型住宅区等将是未来真空垃圾收集系统市场的主战场，将成为城市高质量发展中地下市政设施的应用典范。

3.1.6　地下储气库建设未来可期

建设大深度地下 LNG（liquefied natural gas，液化天然气）、LPG（liquefied petroleum gas，液化石油气）等地下储罐，既能满足战略物资的储藏要求，还能大大提高投资效益。2019 年我国地下能源储运设施发展以能源战略支柱的重要组成部分——天然气为统计对象。

目前我国天然气市场已经进入快速发展时期，根据国家能源局公开数据计算，2019 年我国天然气在一次能源消费结构中占比达 8.1%，同比上升 0.3%。中国石油的数据显示，2019 年中国全年天然气消费量同比暴增，对外依存度已经超过了 40%①。从全球发展形势判断，我国建设储气库已经刻不容缓，以此应对天然气价格的波动，并最终保障国家的能源安全。

地下储气库是集季节调峰、事故应急供气、国家能源战略储备等功能于一体的能源基础性设施。

至 2019 年底，中国已建成地下储气库 27 座，其中中国石油 23 座，中国石化 3 座，港华燃气 1 座，覆盖了 10 个省区市，为 4 亿居民生活提供了保障。已建储气库日最大应急供气能力达 1.3 亿立方米，相当于 8000 多万个家庭一天的生活用气量。中国石油未来规划建设 36 座地下储气库。截至 2019 年底地下储气库现状分布如图 3.11 所示。

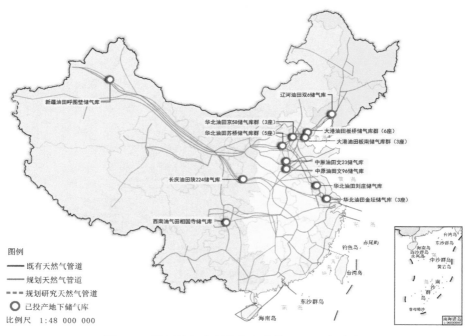

图 3.11　地下储气库现状分布（截至 2019 年底）

---

① 中国原油对外依存度近 70% 天然气超过 40%. http://center.cnpc.com.cn/bk/system/2020/05/26/001776389.shtml[2020-05-26].

3.2　地下空间技术服务

3.2.1　市场热度下降

2019 年，随着国土空间规划的推进，作为城市重要专项规划的地下空间规划及相关研究、设计等需求较上一年大幅下降。地下空间规划（含人防）市场产值同比下降 40%。

综合各省区市政府公共资源交易中心官网的招标公告与中标公告的数据，2019 年地下空间规划市场的公开招标项目共 130 项，市场需求份额约 1.62 亿元，同比下降 19%；共有 85 家不同设计公司或科研机构瓜分地下空间规划市场的 130 个项目，实际产值 1.5亿元，同比下降 12%。

3.2.2　东部地区供需市场依然坚挺

1. 市场东西地域差距进一步扩大

在 2019 年城市地下空间技术服务市场中，东部地区以雄厚的经济实力、城市发展阶段的需求及对国土空间规划要求的积极响应，使得 66% 的项目集中在东部地区，但较 2018 年占比下降 14 个百分点，西部地区虽较 2018 年占比增长 233%，但东西差距较 2018 年进一步扩大。中部地区稳步增长，而东北地区的市场需求占比保持不变。2019 年地下空间技术服务需求市场地域分析图，如图 3.12 所示。

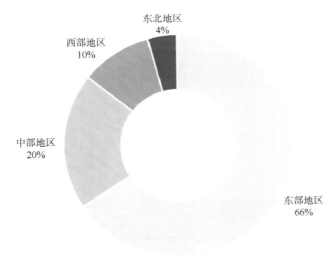

图 3.12　2019 年地下空间技术服务需求市场地域分析图

资料来源：根据中国政府采购网及各级政府公共资源交易中心官网中"地下空间规划""地下空间及人防工程规划"的招标信息与中标公告整理绘制

以项目所在地统计，地下空间规划市场产值超过 2000 万元的仅山东省，市场产值前五的依次为山东省、广东省、浙江省、北京市及江苏省，五省市地下空间项目总产值约

0.8 亿元，约占中国地下空间规划编制经费的 53%。2019 年各省级行政区地下空间技术服务市场需求分级及项目产值和东部地区需求市场分析图，如图 3.13、图 3.14 所示。

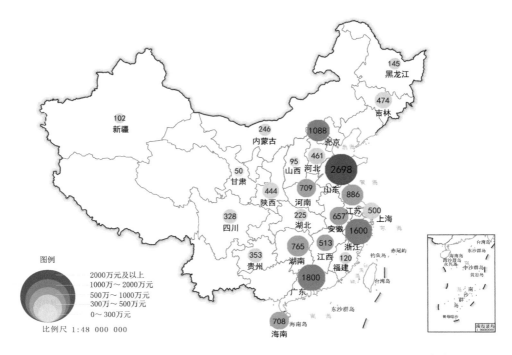

图 3.13　2019 年各省级行政区地下空间技术服务市场需求分级及项目产值

资料来源：根据中国政府采购网及各级政府公共资源交易中心官网中"地下空间规划""地下空间及人防工程规划"的招标信息与中标公告整理绘制

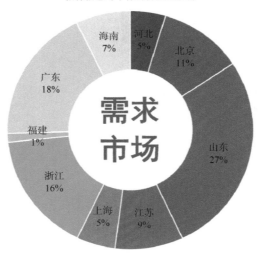

图 3.14　2019 年东部地区地下空间技术服务需求市场分析图

资料来源：根据中国政府采购网及各级政府公共资源交易中心官网中"地下空间规划""地下空间及人防工程规划"的招标信息与中标公告整理绘制

　　2019 年地下空间规划市场涉及的城市/县区共 75 个，其中市场产值超过 1000 万元的城市有 4 个，包括青岛、深圳、北京、济南。青岛 2019 年依然是市场产值最高的城市，地下空间技术服务项目编制费达 1610 万元，同比增长 21%。2019 年地下空间规划城市产值排名如图 3.15 所示。

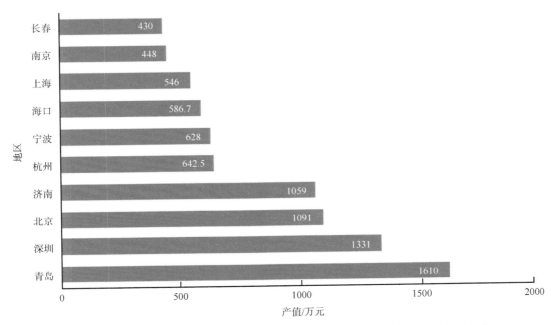

图 3.15　2019 年地下空间技术服务市场需求城市的市场份额排名图（需求市场）

资料来源：根据中国政府采购网及各级政府公共资源交易中心官网中"地下空间规划""地下空间及人防工程规划"的招标信息与中标公告整理绘制

　　根据 2019 年各城市/县区地下空间规划需求市场产值，划分为如下四级需求梯队。

　　一级梯队需求市场份额为 500 万元及以上，主要城市为青岛、深圳、北京、济南、杭州、宁波、海口及上海，如图 3.16 所示。

　　二级梯队需求市场份额为 300 万（含）～500 万元，主要城市为南京、长春、郑州、潍坊、成都、中山、宿迁、张家口。

　　三级梯队需求市场份额为 100 万（含）～300 万元，主要城市为湘潭、包头、珠海、长沙、常德、阜阳、咸阳、无锡、南昌、安顺、哈尔滨、西安、延安等 24 个城市。

　　四级梯队需求市场份额为 0～100 万元，主要城市为兴义、泰安、合肥、三河、常州、开封、衢州、丽水、扬中、乌鲁木齐、连云港、温州、蚌埠、乐平等 35 个城市。

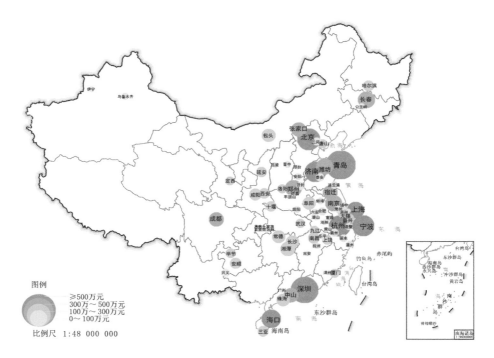

图 3.16   2019 年地下空间技术服务需求市场份额等级分布

资料来源：根据中国政府采购网及各级政府公共资源交易中心官网中"地下空间规划""地下空间及人防工程规划"的
招标信息与中标公告整理绘制

2. 京沪市场供应占据龙头

2019 年地下空间技术服务供应市场（城市）共 32 个，较上年略有减少，以从事传统城市规划设计的企业和研究机构竞争最为激烈。拥有高水准和更扎实的技术力量的京沪供应商依旧占领大部分市场，约占据 40% 的市场份额。

值得一提的是，2019 年江苏的地下空间规划供应市场产值虽也位列前排，但与上年相比，出现严重萎缩现象，同比下降 61%。江苏市场严重缩水的原因：一是 2019 年其地下空间规划市场需求减少；二是上海当地规划机构依据其优势，凭借良好业绩和口碑，占据了绝大部分的市场。2019 年地下空间供应市场分布等级及占比分析图，如图 3.17 所示。

东部仍然是地下空间规划供应市场最高的区域，其 2019 年供应市场产值占当年总产值的 77.4%，与 2018 年基本持平。2019 年东部区域地下空间供应市场分析图，如图 3.18 所示。

市场产值超过 2000 万元的城市有 2 个，分别为上海、北京。其中，上海所占市场份额最高，产值高达 3596 万元，与上年相比增长 26.4%；北京与 2018 年相比有所增长，占比为 16.0%。而在 2018 年所占市场份额最高的南京，2019 年其市场产值却不足 1500 万元，同比下降 52.7%，究其原因，一部分是由于整体市场的低迷，另一部分的原因是上海市设计机构凭借其设计优势，抢占了更多的市场。2019 年地下空间规划城市产值排名图及地下空间规划供应市场产值等级分布图，如图 3.19、图 3.20 所示。

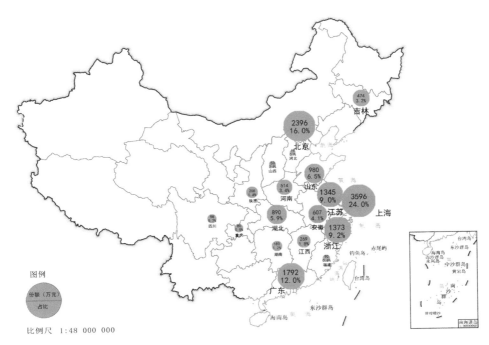

图 3.17 2019 年地下空间技术服务供应市场分布等级及占比分析图

资料来源：根据中国政府采购网及各级政府公共资源交易中心官网中"地下空间规划""地下空间及人防工程规划"的
招标信息与中标公告整理绘制

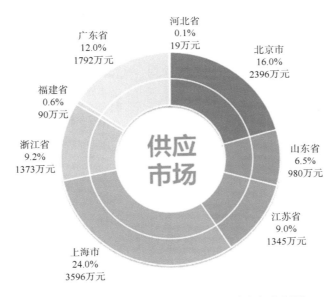

图 3.18 2019 年东部区域地下空间供应市场分析图

资料来源：根据中国政府采购网及各级政府公共资源交易中心官网中"地下空间规划""地下空间及人防工程规划"的
招标信息与中标公告整理绘制

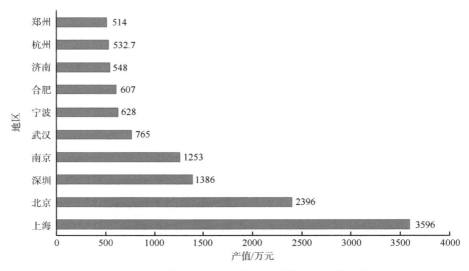

图 3.19   2019 年地下空间规划城市产值排名图（供应市场）

资料来源：根据中国政府采购网及各级政府公共资源交易中心官网中"地下空间规划""地下空间及人防工程规划"的
招标信息与中标公告整理绘制

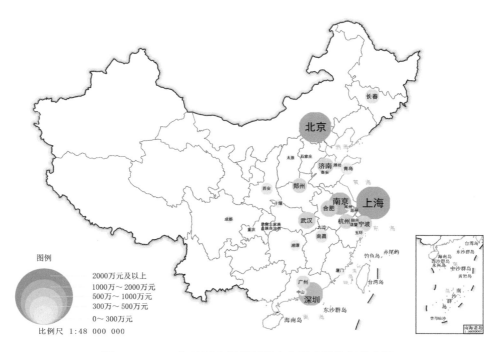

图 3.20   2019 年地下空间规划供应市场产值等级分布图

资料来源：根据中国政府采购网及各级政府公共资源交易中心官网中"地下空间规划""地下空间及人防工程规划"的
招标信息与中标公告整理绘制

3.2.3　人防部门首次主导地下空间规划编制

2019 年地下空间规划需求市场中，自然资源局和规划局、人民防空办公室/民防局仍是主导者。由大部制改革带来的各地自然资源局的主管规划的职能尚在交接中，人防主管部门首次领衔作为地下空间规划编制的组织者，并作为市场需求方，占地下空间规划机构总量的 30%，其他需求方除了政府机构，还有国有控股的有限公司/开发公司，占机构总量的 12%，如图 3.21 所示。

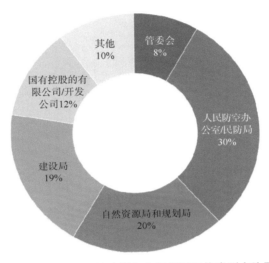

图 3.21　地下空间技术服务市场委托机构类型占比图

资料来源：根据中国政府采购网及各级政府公共资源交易中心官网中"地下空间规划""地下空间及人防工程规划"的招标信息与中标公告整理绘制

3.2.4　国有企业/央企重新登顶市场

2019 年地下空间规划市场热度因为国土空间规划的编制有所下降。以供应市场中机构性质的数量统计，在众多参与竞争的机构中，国有企业/央企的市场产值重新登顶，同比增长 60%，占机构总数的 44%；民营企业同比下降 35%，其成功占领市场的数量占机构总数的 30%；高校及科研机构与往年相比并无明显变化，占编制机构总数的 3%。2019年地下空间编制机构占比情况如图 3.22 所示。

以地下空间暨人防综合利用规划总产值统计，2019 年国有企业/央企规划市场产值占总产值的 56%，其次是民营企业。2019 年受大环境的影响，民营企业受到较大的冲击，总产值同比下降 67%。2019 年地下空间/人防编制机构占比情况如图 3.23所示。

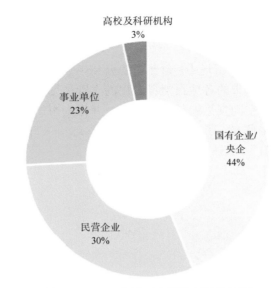

图 3.22   2019 年地下空间编制机构性质

资料来源：根据中国政府采购网及各级政府公共资源交易中心官网中"地下空间规划""地下空间及人防工程规划"的
招标信息与中标公告整理绘制

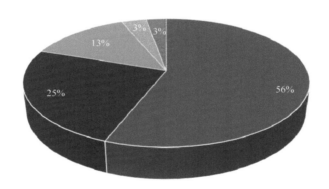

■国有企业/央企 ■民营企业 ■事业单位 ■科研机构 ■高校

图 3.23   2019 年地下空间/人防编制机构性质（以项目产值统计）

资料来源：根据中国政府采购网及各级政府公共资源交易中心官网中"地下空间规划""地下空间及人防工程规划"的
招标信息与中标公告整理绘制

按地下空间专项规划产值统计，国有企业/央企所占市场产值比重依然最高，占总产值 49%（图 3.24），同比增长 64%，其次是事业单位。由此可见国有企业/央企、事业单位地下空间专项规划市场的资源优势依然突出，究其原因：一是其设计水平高、综合实力强，承揽的地下空间专项规划项目具有绝对的市场竞争优势；二是随着业绩增多，其在地下空间专项规划市场的地位逐渐不可撼动。

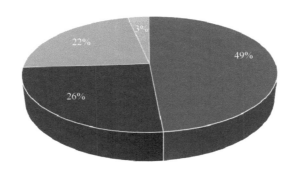

图 3.24　2019 年地下空间专项编制机构性质（以地下空间项目产值统计）

资料来源：根据中国政府采购网及各级政府公共资源交易中心官网中"地下空间规划""地下空间及人防工程规划"的
招标信息与中标公告整理绘制

然而，2019 年的人防专项规划市场跟往年一样，主要被民营企业、国有企业/央企及事业单位瓜分。其中，民营企业虽然占比略有下降，但仍然凭借雄厚的技术力量、优秀的项目业绩及专业资质，稳居人防规划市场第一，占总产值的 58%，如图 3.25 所示。

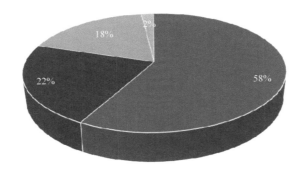

图 3.25　2019 年人防专项编制机构性质（以人防项目产值统计）

资料来源：根据中国政府采购网及各级政府公共资源交易中心官网中"地下空间规划""地下空间及人防工程规划"的
招标信息与中标公告整理绘制

3.2.5　专业编制结构产值排名

2019 年地下空间技术服务市场排名前十位的单位中，上海占四席，行业竞争优势明显，如图 3.26 所示。

上海市政工程设计研究总院（集团）有限公司依然稳居 2019 年地下空间技术服务市场产值第一的宝座。深圳市规划国土发展研究中心凭借深圳市地下空间规划项目跻身全国产值第二名。

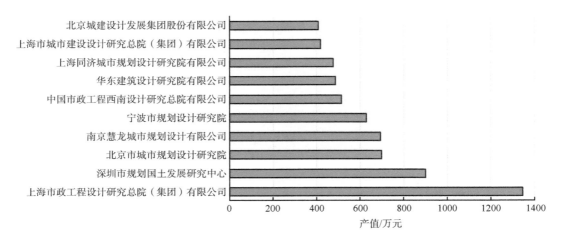

图 3.26　2019 年地下空间技术服务市场供应方产值排名

资料来源：根据中国政府采购网及各级政府公共资源交易中心官网中"地下空间规划""地下空间及人防工程规划"的
招标信息与中标公告整理绘制

多家联合体产值计算规则：2 家联合体单位按 4∶6 计算，3 家联合体按 2∶3∶5 计算

3.3　以地铁为主导的地下轨道交通

3.3.1　中国已成为世界城市轨道交通发展的强劲动力

1. 发展建设展现中国速度

截至 2019 年底，中国共有 37 个城市开通了地铁（不含轻轨、有轨电车、城际铁路、APM），运营线路总长度 5799.3 公里。[①]

2019 年首次开通运营的城市共 5 座，分别为济南、兰州、常州、徐州和呼和浩特。截至 2019 年底中国城市轨道交通运营城市分布图如图 3.27 所示。

中国已成为世界城市轨道交通发展的强劲动力。根据《2019 年世界城市轨道交通运营统计与分析》报告（本节中所有数据均为地铁制式数据），截至 2019 年末，欧美地区（含欧洲、欧亚大陆及北美洲，不含拉丁美洲）地铁运营长度增加到 6113公里。中国自 1969 年第一条地铁开通运营，仅用 50 年（至 2019 年）的时间，基本赶上了欧美地区用 150 年发展形成的运营规模，已成为世界城市轨道交通发展的强劲动力。

---

① 数据由国家与地方发展和改革委员会及各城市轨道交通官方网站公开数据整理。

图 3.27　截至 2019 年底中国城市轨道交通运营城市分布图

　　2016～2019 年,中国城市轨道交通年均新增里程达 628 公里,年均增长率为 15.25%,截至 2019 年底历年城市轨道交通新增运营里程及年增长率如图 3.28 所示。2019 年轨道交通建设遍地开花、热度不减,新增运营轨道交通里程为 758.66 公里,新增运营里程的共 29 座城市,新增里程排名前五名的城市依次为成都、郑州、济南、苏州和厦门,新增里程均超过 40 公里。其中,成都新开通里程达 76.04 公里,居全国之首。2019 年各城市地铁新增运营里程统计如图 3.29 所示。

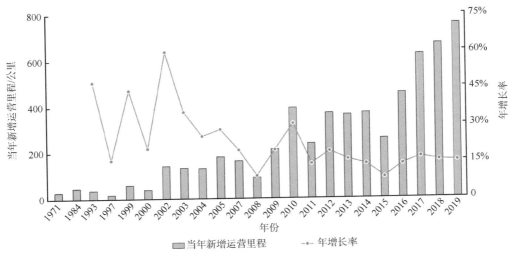

图 3.28　历年城市轨道交通新增运营里程及年增长率分析（至 2019 年底）

资料来源：国家与地方发展和改革委员会及各城市地铁官方网站

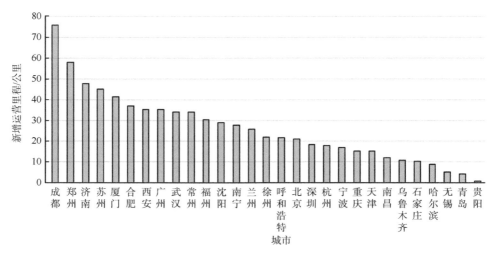

图 3.29   2019 年各城市地铁新增运营里程统计

以北京、广州、宁波为代表的城市随着城市群、都市圈进一步发展，同城化建设需求增加，利用市域快轨形式向城市周边延伸（如北京的大兴机场线、宁波的宁奉城际等），正在形成更大的网络化格局。

以成都、郑州为代表的中西部城市较东部城市起步晚，正大力建设城市轨道交通，同期建设能力赶超东部城市。2019 年不同区域内，地铁新增运营情况统计如图 3.30 所示。

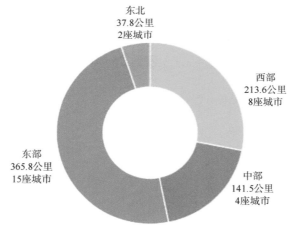

图 3.30   2019 年不同区域地铁新增运营情况对比

2. 城市轨道交通是公共交通发展的方向

2019 年，随着各城市轨道交通逐渐成网，交通供给侧结构不断优化，在机动化出行快速增长的压力下，"公交优先"战略得到进一步加强，轨道交通在公共交通中的分担率持续上升。

根据 2019 年各城市轨道交通指标，线网密度与轨道交通在公共交通中的分担率基本成正比。集约化的轨道交通，为城市居民畅通出行提供了有力保障，逐渐成为出行的首选。

北京、上海、广州、深圳等城市人口密度较大、流动人口基数大，轨道交通的客流强度相比其他城市较大，如图 3.31 所示。

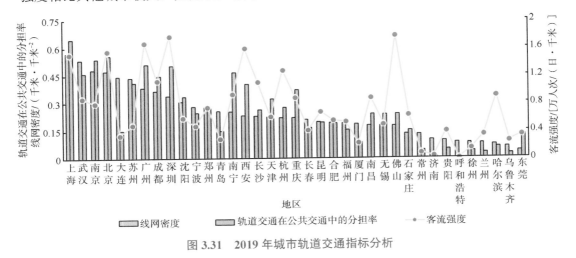

图 3.31　2019 年城市轨道交通指标分析

西安、杭州作为省会城市，经济社会发展水平在区域内领先，同时也为著名的旅游城市，吸引力较大，导致客流强度较高。

此外，由于大力推进广（广州）佛（佛山）同城化合作，打造国际大都市区，佛山已成为珠江三角洲城市之一、粤港澳大湾区重要节点城市。广佛都市圈内轨道交通线网发达，联系较为紧密，因此佛山轨道交通客流强度与广州类似，处于高位。

3. 轨道交通线网网络化、规模化尚显不足

根据全球城市轨道交通发展趋势，规模化、网络化程度与换乘站占比成正比，与站点间距成反比。将轨道交通换乘站占比及平均站间距两个指标进行对比（图 3.32），可得出以下结论。

（1）中国大部分城市轨道交通发展处于初步阶段，轨道交通规模化、网络化程度尚有不足。

（2）部分城市受地形影响，规模化、网络化程度受限。

4. 政策推动轨道交通站点 TOD 开发

2015 年以来，各地方政府陆续出台有关政策，为加快城市轨道交通 TOD（transit-oriented development，以公共交通为导向的发展）开发建设指明了方向，特别是上海、广州、深圳、成都等城市。

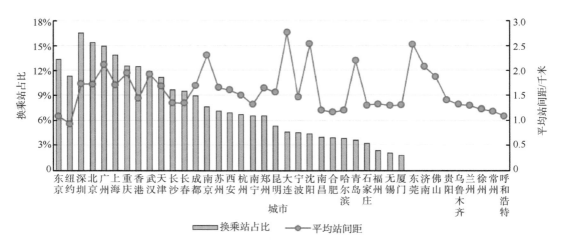

图 3.32　2019 年城市轨道交通规模化、网络化程度分析

香港换乘站占比和平均站间距数据比较有代表性，特进行统计分析

以成都为例，从规划管理到建设实施，注重具体操作层面，陆续出台了《成都市城市轨道交通管理条例》(2017 年)、《成都市轨道交通场站综合开发用地管理办法（试行）》(2019 年)、《成都市轨道交通场站综合开发实施细则》等涉及 TOD 的政策及规范性文件，明确城市轨道交通场站综合开发用地范围、建设时序、建设要求等，提出加强用地统筹管理，实行多种供地方式，满足不同用地需求。

3.3.2　央企、国企占产业链市场

2019 年中国共有 31 个城市推进轨道交通建设相关项目 98 项，轨道交通市场总额为 2520 亿元[①]。

1. 产业链

根据全过程产业市场在产业链中的位置，将其划分为上游、中游与下游市场，上游市场包括咨询服务设计、基建，中游市场包括机械设备、电气及通信设备，下游市场为运营及运输等（表 3.1）。2019 年轨道交通市场主要集中在上游及中游（图 3.33）。

表 3.1　2019 年轨道交通产业链上游、中游、下游市场项目数量

产业链位置		项目数量/项
上游市场	咨询服务设计	24
	基建	38
中游市场	机械设备	10
	电气及通信设备	24
下游市场	运营及运输等	2

注：统计数据不含原材料供应、运输

---

① 根据中国政府采购网及各级政府公共资源交易中心官网中"轨道交通"的招标信息与中标公告整理。

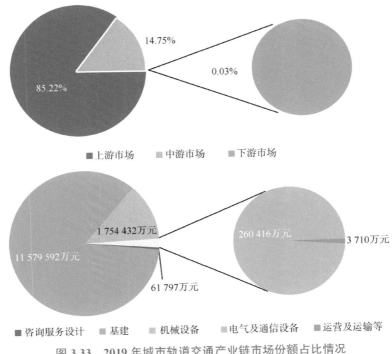

图 3.33　2019 年城市轨道交通产业链市场份额占比情况

统计数据不含原材料供应、运输

2. 中标项目情况

2019 年中国轨道交通产业从城市层面看，投资最多的是天津市（1013 亿元），其次是成都市（615 亿元），如图 3.34 所示；从区域层面看，市场活跃度最高的区域是华东地区，遍布 15 个城市（图 3.35）。

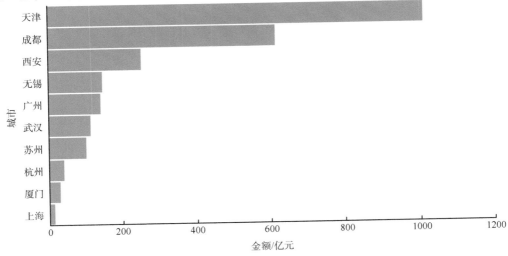

图 3.34　2019 年各城市轨道交通中标金额

图中仅展示中标金额超过 10 亿元的城市

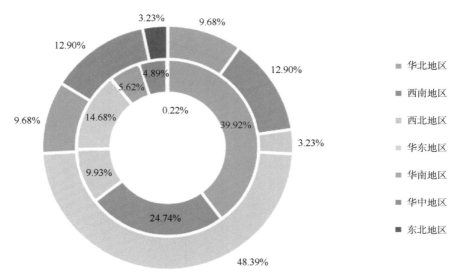

图 3.35   2019 年分区域轨道交通中标项目分析

内圈为各分区产值占比；外圈为各分区项目所在城市数量占比

3. "中"字企业占据市场主导地位

2019 年，城市轨道交通中标项目中，央企、国企在总数量、市场份额方面均占主导地位，竞争优势显著，如图 3.36～图 3.38 所示。

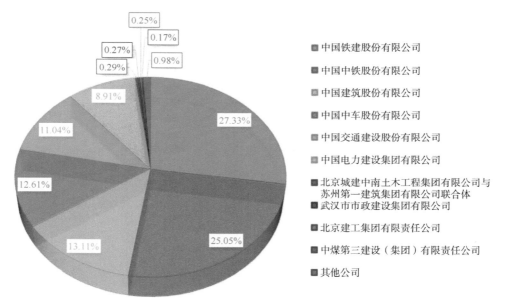

图 3.36   2019 年轨道交通市场份额分析

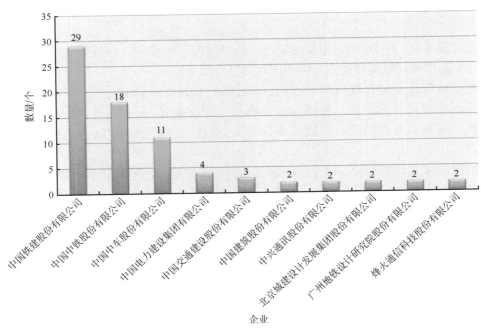

图 3.37　2019 年轨道交通项目中标数量前十名单位

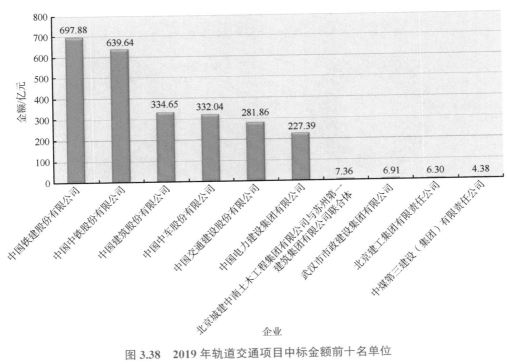

图 3.38　2019 年轨道交通项目中标金额前十名单位

其中，央企、国企的市场份额（中标金额）占九成以上，在产业链中的基建及装备制造中呈垄断之势。

4. 运营单位人才需求结构

通过统计 2019 年城市轨道交通运营单位招聘人员情况,可以得到短期内人才需求状况,并预测中长期轨道交通人才需求层次与基本要求。

根据运营单位招聘岗位所从事的具体工作,将运营单位划分三个层级,即第一层级为集团或公司总部;第二层级为公司机关(管理职能——办公室、人力资源)、业务职能(财务、合作发展、监察、审计等)、党建工作;第三层级为地铁运营、物业及经营。

2019 年城市轨道交通运营单位需求最大的为第三层级的地铁运营、物业及经营人员(图 3.39)。从岗位的学历要求上看,本科学历是轨道交通运营单位中集团或公司总部、管理职能、业务职能、党建工作的基本门槛(图 3.40)。

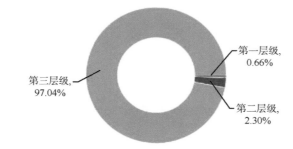

图 3.39　2019 年轨道交通运营单位不同层级招聘人数占比

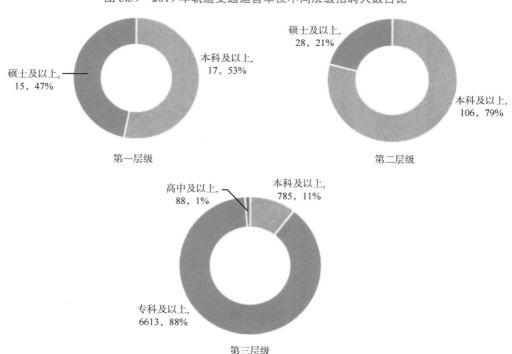

图 3.40　2019 年轨道交通运营单位招聘人员学历要求

　　短期内，地铁运营、物业及经营类工作门槛较低，集团或公司总部对学历要求最为严苛。预计中长期轨道交通人才从业门槛为全日制本科及以上学历。

5. 规划建设规模处于高位，人才需求大

　　截至 2019 年底，共有 65 个城市的城市轨道交通线网获批（含地方政府批复的 21 个城市），轨道交通线网规划在实施的城市共计 63 个，在实施的建设规划总长度达 7339.4 公里。[①]

　　国家发展和改革委员会公开数据显示，1 公里地铁大概能提供 60 个就业岗位[②]。预计未来轨道交通将带来 44 万个就业岗位。

---

① 根据国家发展和改革委员会、地方发展和改革委员会、《城市轨道交通 2019 年度统计和分析报告》整理。
② 陆娅楠. 地铁迎来新一轮建设高潮. www.gov.cn/zhengce/2015-07/03/content_2889236.htm[2015-07-03].

第4章

地下空间法治体系

4.1 2019 年地下空间法治概览

4.1.1 政策法规数量与适用范围

1. 数量

2019 年，全国各级政府颁布有关城市地下空间的政策法规共计 50 件，较 2018 年的 88 件数量骤减，这可能是受机构改革和国土空间规划体系仍在制定过程中的影响，为 2016～2019 年新制定颁布地下空间治理文件最少的一年，如图 4.1 所示。

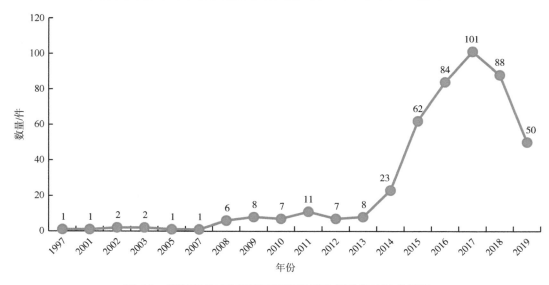

图 4.1　历年有关城市地下空间的政策法规数量统计分析图

2. 适用范围

在适用范围上，划分为国家，省、自治区、直辖市，省会（首府）城市，地级市、州，以及区、县（县级市）等层次，2019年出台的政策法规中，国家层面6件，省、自治区、直辖市层面7件，省会（首府）城市14件，地级市、州层面19件，区、县（县级市）层面4件；地级市、州层面出台数量最多，占到总数量的38%，如图4.2、图4.3所示。

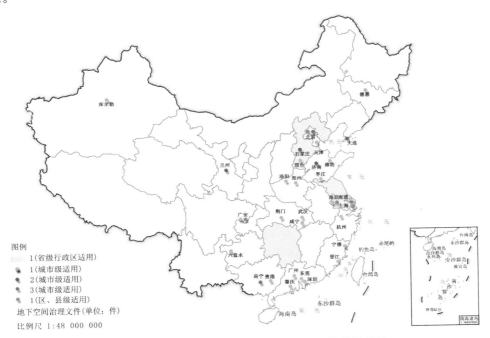

图 4.2　2019 年颁布地方性地下空间治理文件数量统计

资料来源：各省、市人民政府网

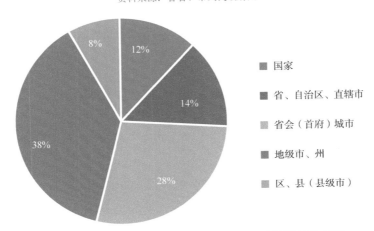

图 4.3　2019 年城市地下空间治理文件适用范围统计分析图

4.1.2   法治体系建设特征

2019 年城市地下空间政策主题类型等方面总体上与 2018 年相似，但具有新的特征，住房和城乡建设部相继印发《城市地下空间规划标准》《城市地下综合管廊建设规划技术导则》，使得地下空间、综合管廊的规划、建设与管理更加有理有据，城市地下空间开发利用更加规范化。

2019 年，地方出台的地下空间治理文件中，聚焦城市安全与应急管理的文件增多，从湖南省到河北省石家庄市和邢台市、吉林省德惠市、上海市宝山区，内容涉及轨道交通、综合管廊、地下管线等，针对地下设施安全施工、运行、管理及地下空间突发事件应急给出了实施意见，为地下空间增加了安全保障。

4.2   2019 年地下空间法治建设

4.2.1   效力类型与发布主体

1. 效力类型

2019 年各级政府颁布的地下空间治理文件中，以规范性文件为主，共 40 件，占总数量的 80%。其次是地方政府规章，未有法律法规、部门规章，如图 4.4、表 4.1 所示。

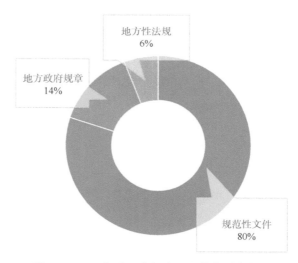

图 4.4   2019 年地下空间治理文件类型分析图

表 4.1　效力类型统计一览表

类型统计	数量/件
法律法规	0
部门规章	0
地方性法规	3
地方政府规章	7
规范性文件	40
合计	50

2. 发布主体

2019 年有关城市地下空间政策法规的颁布主体主要有国务院各部委、地方人大（常委会）、地方人民政府，其中地方人民政府颁布 41 件，占 2019 年颁布数量的 82%，如图 4.5 所示。

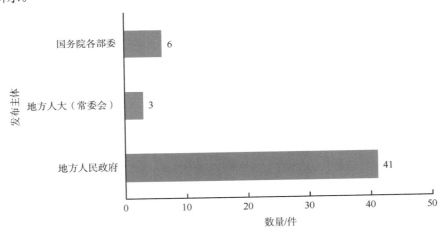

图 4.5　2019 年政策法规颁布部门统计分析图

4.2.2　主题类型

2019 年颁布的有关城市地下空间治理文件的类型，分为地下空间开发利用管理，地下空间资源、土地、产权登记、使用权，轨道交通、综合管廊、地下管线、停车建设等设施建设管理，以及其他有关地下空间安全、城市建设规划的政策法规等，详见表 4.2 和图 4.6。

表 4.2　2019 年政策法规类型统计一览表

分类	数量/件
地下空间开发利用管理	7
地下空间资源、土地、产权登记、使用权	3
轨道交通、综合管廊、地下管线、停车建设等设施建设管理	35

续表

分类	数量/件
其他（地下空间安全、城市建设规划）	5
合计	50

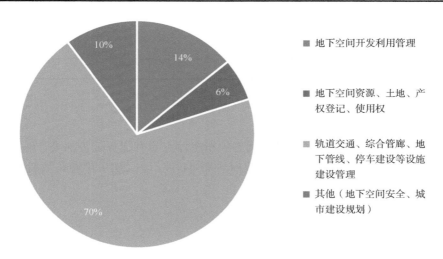

图 4.6　2019 年颁布的政策法规类型图

　　从类型看，直接针对地下空间开发利用管理的仅 7 件，这与中国大多数城市已经颁布了地下空间开发利用管理规定，部分城市正拟将地下空间开发利用管理的政府规章提升为地方性法规有关。

　　2019 年颁布数量最多的是轨道交通、综合管廊、地下管线、停车建设等设施建设管理政策法规，占到颁布数量的 70%，此类主题均为地下空间设施，与城市基础设施的建设和管理密切相关，最贴近当前城市建设发展需要，因此在治理文件中占比最大。地下空间设施建设管理类的治理文件虽然数量多，但仍存在相关政策法规效力层次与深度不够、内容不一、缺少衔接等不足。

4.3　地下空间法治体系建设建议

　　中国受市场需求高增长的影响，地下空间政策保障形式多于内容；地下空间治理文件层级较低，政府规章、规范性文件多于地方性法规，且同步配套保障实施政策性、规范性执行细则偏少，相互之间衔接不畅或不衔接；指导和规范城市地下空间开发的国家标准、规范多为较低层次的技术规范、操作规程，严重滞后于中国城市地下空间的快速发展。

　　建议深入研究并制定国家层面的关于城市地下空间资源、土地、使用权的法规政策，减少地方在地下空间产权、登记管理、土地出让等方面的管理难度和执行阻力。构建以城市为单位的地下空间工程信息系统，或者在已有的城市综合信息平台上增加地下空间内容，满足目前城市国土空间"一张图"管理的要求。

第 5 章
地下空间技术与装备

5.1 地下空间新技术

2016～2019 年，中国的地下空间工程持续快速发展，在大断面盾构施工技术、盾构施工微扰动掘进技术、智能化预制拼装技术等方面，取得了进一步的突破，隧道及地下工程修建技术整体处于国际先进水平，并得到了应用。

5.1.1 复杂艰险山区高速公路大规模隧道群建设及营运安全关键技术

在复杂艰险山区建设高速公路，会出现分布密集，相互影响严重的大规模隧道群。建设方面，受地形、地质与路线线形等多重因素制约，无法避免大量穿越破碎岩体、高烈度地震区，且常需突破隧道左右之间的安全限制，极易发生隧道失稳灾变。营运方面，隧道前后间距小、洞口明暗交替变换频繁、洞间有毒气体窜流与集聚波及上游多座隧道，极易导致突发事件失控，并诱发重大安全事故。

复杂艰险山区高速公路大规模隧道群建设及营运安全关键技术针对该类难题取得了如下三大创新成果。

1. 复杂地形地质环境隧道失稳灾变综合防控技术

建立了破碎岩体隧道岩变形管控基准与分阶段变形协同支护方法，创建了破碎岩体隧道群洞间超小净距离施工的安全保障技术，提出了破碎岩体隧道抗震设防措施；突破了隧道左右洞间最小安全净距的限制，解决了破碎岩体隧道失稳防控技术难题。

2. 高速公路大规模隧道群通风照明安全提升技术

发明了高速公路隧道群前馈式智能通风控制方法，突破了洞口明暗环境频繁变换及"黑洞""白洞"效应下隧道群自适应调光照明控制技术瓶颈。

3. 高速公路大规模隧道群防灾救援联动控制技术

自主研发国内唯一具有组态内核的高速公路隧道联动监控系统平台，创建了火灾突发事件下高速公路隧道群应急救援联动控制预案体系。应急响应时间小于 2 秒，隧道预案执行时间小于 30 秒。

复杂艰险山区高速公路大规模隧道群建设及营运安全关键技术获得 2019 年度国家科学技术进步奖一等奖[①]，达到了国际领先水平，技术应用覆盖了我国主要复杂艰险山区高速公路隧道群，自主研发的监控系统直接在线监控 131 条高速公路的 1158 座隧道[②]。

5.1.2　深部软岩隧道扰动应力测试新技术

软岩隧道围岩软弱破碎、自稳性差，在施工和运维中较易出现变形、塌方等典型工程灾害，使得深埋软岩隧道的修建一直是世界级的技术难题，其设计、施工及灾害处理方面面临极大挑战。因此，开展软岩隧道施工开挖前的准确围岩动态变形及应变测试，是为软岩隧道提供合理支护设计及灾害控制的关键前提。

深部软岩隧道扰动应力测试新技术[③]是在一种三向的光纤光栅预埋式应变传感器的基础上，建立的一套能动态测试软岩隧道围岩扰动应力的现场测试系统，该系统能较准确地测试出软岩隧道开挖时的松动圈压力，为隧道的支护设计和安全控制提供重要依据。该系统已在宜巴高速公路的软岩隧道中得到成功应用。[④]

5.1.3　深埋近距离地铁隧道穿越敏感建构筑物关键技术

城市核心区地下空间开发、密集建构筑物、复杂地质环境使得盾构在近距离穿越敏感建构筑物时，易发生开挖面失稳，邻近建构筑物沉降过大、开裂甚至垮塌的安全事故，因此，对隧道穿越所产生的沉降进行有效控制非常关键。

深埋近距离地铁隧道穿越敏感建构筑物关键技术在机理、技术、装备、平台四个方面实现了地层损失预测、微扰动施工控制、注浆实时感知、沉降协同管控的实质性创新，提出了"在沉降发生前感知并控制"的理念，形成了盾构施工的微沉降智能预警方法与技术，解决了盾构隧道近距离安全高效穿越敏感建构筑物的关键技术难题。

2019 年 9 月该成果亮相于中国国际工业博览会。同时，该成果已成功应用于上海地铁、南宁地铁、济南地铁和上海长江隧道、北横通道等国内标志性工程，以及莫斯科地铁三号线等国际工程中，实现了成功穿越老旧居民楼、铁路股道、火车站站房、运营地

① 科学技术部. 2019 年度国家科学技术进步奖获奖项目目录（通用项目）. http://www.most.gov.cn/ztzl/gjkxjsjldh/jldh2019/jldh19jlgg/202001/t20200103_150916.html[2020-01-10].

② 西南交通大学. 西南交通大学再获国家科技进步一等奖. https://sro.swjtu.edu.cn/info/1076/7479.htm[2020-01-10].

③ Wu G J, Chen W Z, Dai Y H, et al. Application of a type of strain block FBG sensor for strain measurements of squeezing rock in a deep-buried tunnel. Measurement Science and Technology，2017，28（11）：115001.

④ 武汉岩土所提出深部软岩隧道扰动应力测试新技术. http://www.cas.cn/syky/201904/t20190408_4688106.shtml [2019-04-10].

铁隧道、机场跑道、电力隧道及建筑物桩基等敏感建构筑物，沉降均控制在 10 毫米以内
[①]。技术应用如图 5.1 所示。

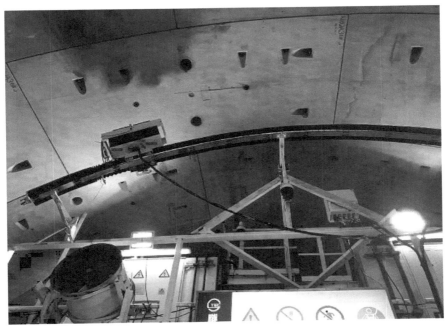

图 5.1　技术在超大直径盾构隧道——上海北横通道的应用

图片来源：王蔚. 盾构装上"透视眼"　同济大学解决地铁隧道穿越敏感建构筑物关键技术.
https://baijiahao.baidu.com/s?id=1644833421137771150&wfr=spider&for=pc[2019-09-16]

5.1.4　地下空间无线定位方法和系统

地下空间的无线定位一般基于无线局域网定位中使用的 RSSI（received signal strength indicator，信号强度）指纹定位算法，由于设备的限制，距离无线接入点较远的区域的 RSSI 不会随着距离增大出现明显的变化，因此存在狭窄封闭、距离较长的地下空间内定位精度比较低的缺点。现有地下空间定位系统多通过部署密集的信号节点，或者采用定制设备来保障定位精度，然而这些过多的节点数目或者对定制设备的需求将带来较高的成本投入。

同时在人员检测方面，现有的常用方法主要包括微波阻挡探测、超声波探测、红外探测、加速度运动探测、摄像头实时分析等，它们需要额外引入微波探测模块、超声波探测模块、红外热释模块或加速度传感器模块等专用设备来实现，成本较高。

用于地下空间的新型无线定位方法和系统（简称地下空间定位技术）包括：在地下空间内布置无线接入点并构建指纹库；获取目标对象所在位置的 RSSI 信息并与指纹库进行匹配，得到目标对象所在位置的预测值，获取惯性数据并进行航迹推算，得到目标

---

① 王蔚. 盾构装上"透视眼"　同济大学解决地铁隧道穿越敏感建构筑物关键技术. https://baijiahao.baidu.com/s?id=1644
833421137771150&wfr=spider&for=pc[2019-09-16].

对象所在位置的测量值；采用卡尔曼滤波将所述预测值和测量值进行融合，得到目标人员所在位置；当地下空间内没有目标对象时，对无线接入点发送的 CSI（channel state information，信道状态信息）数据进行处理，实时检测是否有非法入侵。地下空间的无线定位方法和系统示意图如图 5.2 所示。

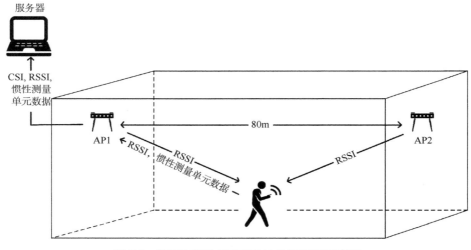

图 5.2　地下空间的无线定位方法和系统示意图

资料来源：华中科技大学. 一种用于地下空间的无线定位方法和系统：CN110022530B. 2019-07-16

该地下空间定位技术弥补了 RSSI 指纹定位与 PDR（pedestrian dead reckoning，行人航迹推算）定位各自的缺陷，能够实现在狭窄封闭、距离较长的地下空间内准确定位，仅需部署少量的无线接入点结合应用广泛的智能手机即可实现，成本较低且操作简单。

5.2　地　下　装　备

2019 年中国地下空间装备在原有基础上，正朝向超大直径多模式盾构、三维模式智能化监测技术、成套化信息化装备不断迈进，并取得了出色的成就。例如，盾构方面在应对岩土变化上，成功研发了我国首台螺旋输送式双模盾构机，有效应对了不同地层的变化，及时解决复杂地层施工风险，有效提高施工安全及环保要求。监测技术方面，"鹰眼-A"探地雷达的成功应用标志着我国无损探地技术实现从"二维"到"三维"的跨越。

5.2.1　首次实现超大直径盾构机完全自主知识产权

2019 年 6 月 21 日，国内首台拥有完全自主知识产权和多项国产核心零部件设计制造的超大直径泥水盾构机"振兴号"顺利下线，标志着我国成功打破国外技术垄断，首次实现超大直径盾构机关键技术自主创新。

盾构机刀盘直径达 15.03 米，总长 135 米，总重量达 4000 吨，采用了国际领先、中国首次应用的全智能化管片拼装系统、智慧化远程安全监控管理系统、绿色环保管路延长装置、泥水分层逆洗循环技术等，并首次采用了国产的常压换刀装置、刀具全状态监测系统、刀盘伸缩摆动装置等。

"振兴号"在 2019 年下半年应用于南京和燕路过江通道（南段）隧道工程。振兴号国产盾构机如图 5.3 所示。

图 5.3　"振兴号"国产盾构机

资料来源：孟婧. 多项创新技术填补国内空白 江苏"振兴号"盾构机下线. 江苏科技报，2019-06-26（03）

5.2.2　中国自主研发全球首台双臂混凝土湿喷机

2019 年 9 月由中国自主研发的双臂混凝土湿喷机，在中国（北京）国际工程机械、建材机械及矿山机械展览与技术交流会首次亮相，这款双臂混凝土湿喷机用于铁路、公路等隧道支护作业，最大喷射速度达每小时 50 立方米，相当于 25 小时可以填满一个游泳池[①]。

设计上，该设备首次采用双泵送、双臂架、双添加剂泵结构，正常情况下两个喷射臂同时作业，遇到一臂喷射臂堵管时，也不影响另一臂正常作业，大幅提高了喷射效率，缩短了因设备故障和堵管造成的整机停机时间。全球首台双臂混凝土湿喷机实景图如图 5.4 所示。

---

① 矫阳. 全球首台国产双臂混凝土湿喷机问世. http://stdaily.com/index/kejixinwen/2019-09/04/content_789459.shtml [2019-09-04].

图 5.4   全球首台双臂混凝土湿喷机实景图

资料来源：矫阳. 全球首台国产双臂混凝土湿喷机问世.
http://stdaily.com/index/kejixinwen/2019-09/04/content_789459.shtml[2019-09-04]

5.2.3   逆作法施工钢管柱安装调整方法及控制装置

现状逆作法在基坑钢管（构）柱的调控（简称钢管调控）中对于设计长度在 50 米及以上的钢管，很难保证工程标高、中心度和垂直度调整。

现状钢管调控主要是采用已固定标高的钢构架，在钢管柱或工具柱设置相对应标高的水平支撑挡，以一次吊装刚性就位来控制标高，现状缺陷是安装完成后，由于外界原因，一旦发生中心偏移，事后基本无法进行校准和调整。

逆作法施工钢管柱安装控制装置的钢护筒端口位于桩孔口之上，钢护筒外壁固定水平的下垫板，下垫板上放置上垫板，下垫板上安装水平的互为垂直施力的千斤顶组，且作用于上垫板，上垫板上放置钢架支墩及垂直千斤顶并作用于十字横臂架，十字横臂架装有下垂的工具柱，工具柱下端连接延伸入钢护筒中的钢管柱，钢管柱的下部 5～25 米处加装水平经纬向作用千斤顶。该装备结构简单，易于使用，能对地下三层以上空间安装的钢管柱中心、标高、垂直度进行精确调整，并可安全锁定。逆作法施工钢管柱安装调整方法及控制装置示意图如图 5.5 所示。

2019 年该技术应用于南京市江北新区中心区地下空间一期建设工程首根超深超大直径钢管柱吊装上，吊装的钢管柱直径达 1000 毫米，壁厚 20 毫米，最长 53.38 米，最大重量达 45 吨，是国内目前在软土地层实施吊装的最深、最大直径钢管柱。该吊装施工精度要求极高，施工难度创历史新高，钢管安装中心线与基础中心线允许偏差不超过 5

毫米，不垂直度允许偏差为长度的 1/1000，不大于 15 毫米。①

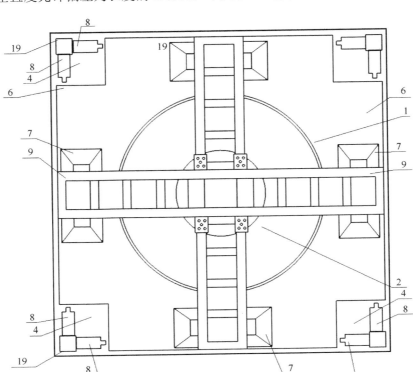

图 5.5　逆作法施工钢管柱安装调整方法及控制装置示意图

资料来源：昆明捷程桩工有限责任公司. 逆作法施工钢管柱安装调整方法及控制装置：CN109487822A. 2019-03-19

5.2.4　无损伤管线捷装系统

现有地铁盾构隧道机电设备及管线的安装，一般采用传统的打孔植筋工艺，其必须在盾构隧道结构上密集打孔，这样会对隧道结构有损伤，不能保护隧道结构的完整性，同时还存在施工安装复杂和管线安装工期长等缺点，并且建造和维护成本较高。

相较于以往的传统工艺，无损伤管线捷装改变了先在管片上打洞，再使用预埋滑槽在管片上安装部件的传统做法，采用新型外挂滑槽，不仅不用打洞就能达到环保施工的效果，还在一定程度上加快了工程进度。该系统包括：多组捷装装置，各组捷装装置沿轴向等间距布设在隧道的内壁面，多个等间隔平行设置的捷装机构成捷装装置。无损伤管线捷装系统在福州地铁二号线应用实景图如图 5.6 所示。

---

① 慕悦. 江北建构未来城市新样本——记葛洲坝集团南京江北新区地下空间一期 PPP 项目. 中国能源报，2020-04-13（26）.

图 5.6   无损伤管线捷装系统在福州地铁二号线应用实景图

资料来源：福州地铁

该技术 2019 年应用在福州地铁二号线，利用此套外置捷装系统，能在较好地保护管片的前提下使各类功能管线在隧道内安稳"住下"，同时能使隧道内没有噪声、粉尘等污染。

5.2.5   国内首台螺旋输送式双模盾构机

2019 年 11 月 22 日，中国首台螺旋输送式双模盾构机——中国中铁 768 号在佛山正式始发，这台盾构机有两种功能，即土压平衡模式掘进和泥水模式掘进，为串联式双模盾构机。

螺旋输送式双模盾构机可以有效应对不同地层的变化，及时解决复杂地层施工风险，有效提高施工安全性及达到环保要求。盾构机在泥水模式下掘进时，采用螺机排浆，有效解决了渣土滞排问题，配备可移动式滚筒式碎石机及平台，能适应各类地层掘进施工，极大地提高了地铁施工效率。

第6章

地下空间科研与交流

6.1 科 研 进 展

基础研究决定一个国家科技创新的深度和广度。在新时代背景下的中国城镇化进程已步入深水区，资源、环境等城镇化发展要素的时空条件已发生质的变化，建构理想、和谐、宜居的全维度城市国土空间体系已提上日程，唯有加快各领域的理论研究与科技创新，才能有效推进中国城镇化持续、稳定发展。

但作为支撑城市发展的空间要素，地下空间领域的理论研究往往滞后于城市建设，其科研投入与创新，常常被主流学术界所轻视。以地下综合管廊为例，2014年的超常规式建设并没有相关研究作为理论支撑，直至2016年综合管廊相关研究的数量才有较大增长。2016~2019年，地下空间的研究数量与科技投入虽有逐年递增的趋势，但从科研成果数量与质量上来看，显然无法与交通、市政等城市显学相抗衡。

6.1.1 地下空间学术四十年

中国"地下空间"学术研究（以地下空间、地下工程、地下轨道、地下物流、综合管廊、地下交通、地下市政、地下商业、地下停车、人防工程为研究方向或主要研究内容）始于1979年，当时的地下空间相关论文主要为总结欧美地下空间利用的经验，开启中国地下空间利用的大门，至2019年，已历经四十年发展历程。

通过对学术论文、学术会议、出版物等地下空间学术研究成果的搜集、梳理和分析，中国地下空间学术研究发展可划分为以下三个阶段。

第一阶段，1979年至20世纪90年代末，以钱七虎院士为代表的致力于中国地下空间发展的顶级学者，论证了地下空间与城市可持续发展的关系。通过对发达国家的研究，其提出有序合理、综合高效开发利用城市地下空间资源是解决城市地域规模与土地资源矛盾等"城市综合征"的重要途径，主要研究对象为隧道、地铁及地下工程技术的应用，并提出21世纪将掀起中国城市地下空间开发高潮。

第二阶段，2000 年至 2010 年，根据地下空间大规模开发中遇到的具体问题展开研究。首次从法律层面探讨地下车库的归属问题；针对不同发展程度的城市，研究相应的地下空间阶段发展目标并建立发展目标综合指标体系等成为该阶段地下空间学术研究的重点与创新。至此，中国城市地下空间开发逐步进入政策引领、规划先行、法治支撑的发展阶段。

第三阶段，2011 年至今，中国城市地下空间发展速度世界罕见，地下空间开发规模达"千万级"的城市屡见不鲜，地下空间开发深度的纪录也被不断刷新。借鉴城市地下空间开发利用的经验与教训展开学术研究，提出了系统性开发利用城市地下空间的重要性。构建地上地下立体城市交通网络系统是未来城市交通发展趋势、现代城市地下物流系统（underground logistics system，ULS）在解决"城市病"问题上优势明显等研究成果得到越来越多的关注，并开展了深层次的学术研究。

6.1.2 学术论文

1. 论文数量虽减少，但总体质量攀高峰

2019 年，以地下空间为研究方向或主要研究内容的学术论文共计 1830 篇，同比下降 27%，并主要集中在建筑学、水利工程、土木工程、测绘科学与技术、矿业工程、教育学、地理学等研究领域。

2019 年，核心期刊（SCI、EI、中国科技核心期刊、CSSCI、北大核心期刊、CSCD、SCIE 等）收录共计 618 篇，收录比重占全年地下空间学术论文总数的 33.8%，比 2018 年提高 13.2 个百分点，为 2010～2019 年最高水平，如图 6.1 所示。

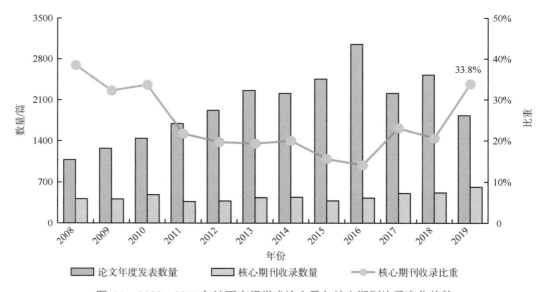

图 6.1　2008～2019 年地下空间学术论文录入核心期刊比重变化趋势

资料来源：①在线数据库检索：中国知网、万方数据、谷歌学术、百度学术。② 慧龙地下空间信息数据录入系统搜索关键词为地下空间、地下工程、地下轨道、地下物流、综合管廊、地下交通、地下市政、地下商业、地下停车、人防工程

2. 从"全要素"学术论文看地下空间学术发展

以"全要素"研究进行分析，按地下空间开发利用在全生命周期中的不同阶段，可将其划分为五个主要类型，即地下空间资源、地下空间规划、地下空间开发、地下工程建设及地下空间管理。

通过对地下空间学术论文的发表时间、发表数量、历年研究热度三个维度进行分析可得，地下空间学术研究中工程建设最先起步，而地下空间管理层面的研究在各个维度整体偏弱，如图 6.2 所示。

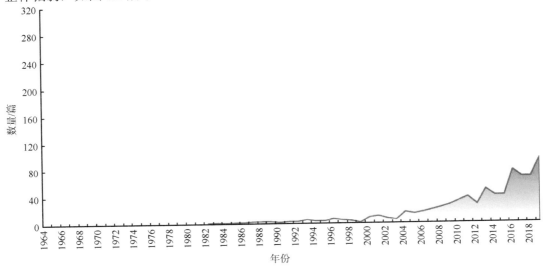

（a）地下空间资源

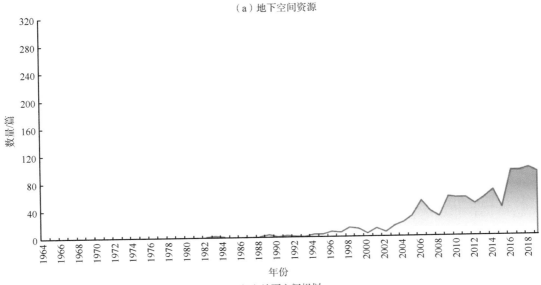

（b）地下空间规划

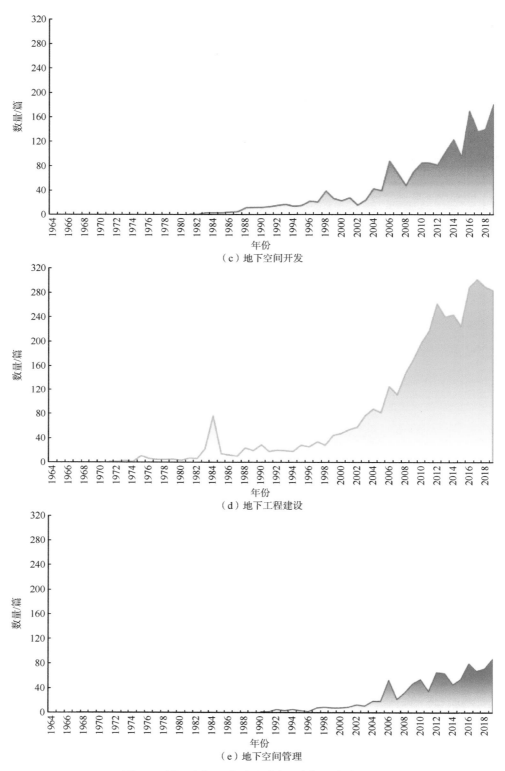

图 6.2　地下空间开发利用"全要素"研究分析图

1）起始时间排序

地下工程建设＞地下空间开发—地下空间资源—地下空间规划＞地下空间管理。

2）成果数量次序

地下工程建设＞地下空间开发＞地下空间规划＞地下空间管理＞地下空间资源。

3）重点发展时间

地下工程建设＞地下空间开发＞地下空间规划＞地下空间管理＞地下空间资源。

3. 地下空间"全要素"学术论文的研究领域

地下空间学术研究跨学科的多领域融合已常态化，基本构建了中国地下空间学术研究的大格局。

2019 年地下空间学术论文的研究领域对照学科门类划分，主要集中在建筑学、法学、地理学、交通运输工程、应用经济学、土木工程等学科，如图 6.3 所示。

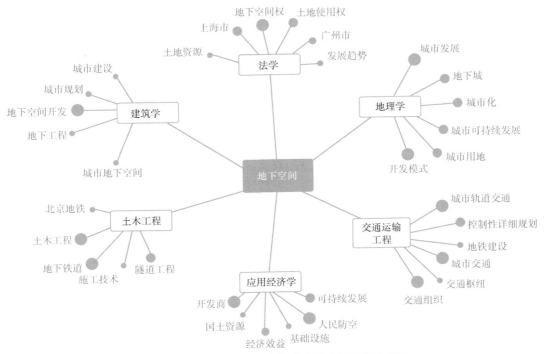

图 6.3　地下空间"全要素"学术论文的学科分布图

1）地下空间资源渗透趋势与方向

地下空间资源渗透趋势与方向为测绘、地质学科、建筑学、法学、应用经济学、社会学、地理学、教育学。

2）地下空间规划渗透趋势与方向

地下空间规划渗透趋势与方向为建筑学、法学、应用经济学、社会学、地理学、交通运输工程。

3）地下空间开发渗透趋势与方向

地下空间开发渗透趋势与方向为建筑学、法学、应用经济学、社会学、地理学、交通运输工程。

4）地下工程建设渗透趋势与方向

地下工程建设渗透趋势与方向为建筑学、法学、土木工程、水利工程、地质资源与地质工程、教育学。

5）地下空间管理渗透趋势与方向

地下空间管理渗透趋势与方向为建筑学、应用经济学、社会学、交通运输工程、教育学、测绘科学与技术。

6）研究主题

地下空间学术论文在建筑学、法学、地理学、交通运输工程、应用经济学、土木工程等不同学科中同样包含互为交叉渗透的研究主题。以"地下空间资源"为例，其主要的研究主题如下。

建筑学：城市地下空间、地下空间开发利用、城市建设。

法学：地下空间资源管制、地下空间权属。

应用经济学：国土资源、安全发展、可持续发展。

社会学：城市规划、城市化进程、城市管理。

地理学：城市可持续发展、地下城、城市土地资源、城市规模、城市化。

教育学：质量评估、管理体制、统筹规划。

4. 地下空间科研机构研究重点与前景

凭借地下空间中国速度与开发热度，加之宏观政策调控等，地下空间学术研究呈现百家争鸣的繁荣景象。

综合"全要素"学术论文研究与学术著作的主题及作者所在单位机构发现，地下空间学术研究在单位机构的集中程度侧面印证了其发展进程。

（1）集中度低（＜15%）：成熟期（后期）。

（2）集中度中（15%～50%）：成长期（加速）。

（3）集中度高（＞50%）：初始期（初期）。

截至 2019 年底，地下空间资源的研究机构 TOP10 的发文量占比 18%，地下空间规划的研究机构 TOP10 的发文量占比 27%，地下空间开发的研究机构 TOP10 的发文量占比 13%，地下工程建设的研究机构 TOP10 的发文量占比 10%。地下空间"全要素"学术论文与著作的作者所在研究机构总量排名如图 6.4 所示。

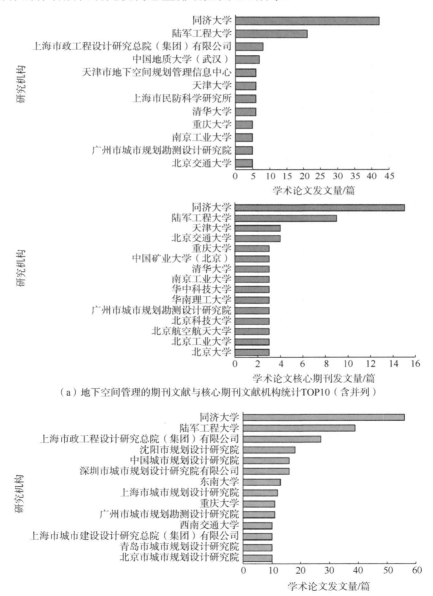

（a）地下空间管理的期刊文献与核心期刊文献机构统计TOP10（含并列）

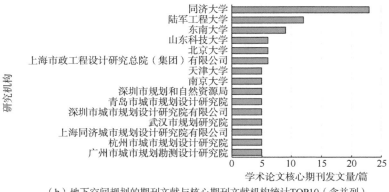

（b）地下空间规划的期刊文献与核心期刊文献机构统计 TOP10（含并列）

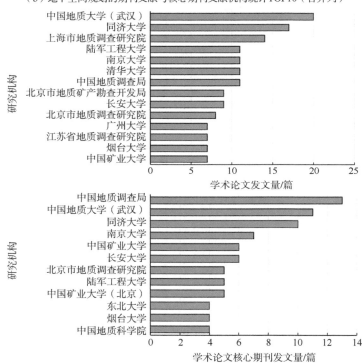

（c）地下空间资源的期刊文献与核心期刊文献机构统计 TOP10（含并列）

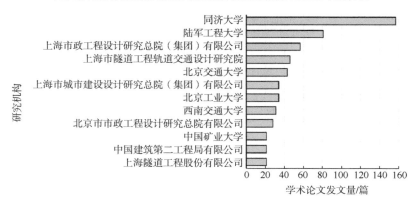

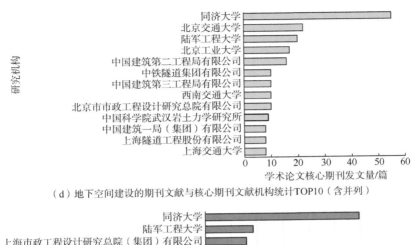

（d）地下空间建设的期刊文献与核心期刊文献机构统计TOP10（含并列）

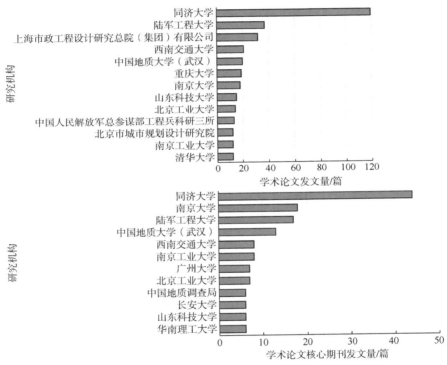

（e）地下空间开发的期刊文献与核心期刊文献机构统计TOP10（含并列）

图 6.4　地下空间"全要素"研究机构的学术论文与著作的总量排名（截至 2019 年底）

资料来源：根据在线数据库（中国知网、万方数据、谷歌学术、百度学术）检索

①以学术论文与著作的作者所在机构参与排名。②机构改名前后数量相加后计入总量统计，曾用名情况如下，括号中为曾用名：陆军工程大学（解放军理工大学）、上海市政工程设计研究总院（集团）有限公司（上海市政工程设计研究院）、苏州科技大学（苏州科技学院）、中国地质大学（武汉）（中国地质大学）、深圳市城市规划设计研究院有限公司（广东省深圳市城市规划设计研究院）、北京市市政工程设计研究总院有限公司（北京市市政工程设计研究总院）、中国建筑第二工程局有限公司（中国建筑工程总公司第二工程局）。③合并统计情况说明：中国地质调查局发展研究中心、中国地质调查局南京地质调查中心、中国地质调查局西安地质调查中心等文献合并计入中国地质调查局

由此，地下空间资源、地下空间规划方面的研究目前处于加速成长期，研究机构 TOP10 的发文量占比分别为 18%、27%。地下空间资源与地质学、地质工程、岩石力学关系密切，具有较强研究基础。近年来，城市规划中提倡地上地下协调发展、保护与开发并重，地下空间规划从城市发展实际出发，具有研究价值与前景。

地下空间开发、地下工程建设方面的研究已进入成熟期，研究机构众多，TOP10 发文量占比分别为 13%、10%，开发理念和技术手段不断创新，达到国际先进水平。

地下空间管理的研究相对滞后，研究数量少，参与研究的机构无明显差距。

结合文献统计情况，从地下空间学术研究方向、研究数量角度分析，同济大学、陆军工程大学在地下空间资源、规划、开发、建设、管理等方面的研究均属国内前列，为国内地下空间研究做出了巨大的贡献。

同济大学是我国最早从事地下结构、水文地质与工程地质专业教学与研究的科研单位之一，其土木工程学院下专门设有地下建筑与工程系，该系由中国科学院孙钧院士、中国工程院卢耀如院士带头，为地下空间方向学术研究提供了专业、全面的人才支撑。此外，同济大学成立上海同济城市规划设计研究院有限公司、同济大学建筑设计研究院（集团）有限公司，为理论研究的应用提供了优质的平台支撑。

陆军工程大学长期致力于地下工程和人民防空工程规划与管理研究、地下空间内部环境与设备研究，由中国工程院钱七虎院士牵头，为地下空间与人防事业的人才培养、研究进度推进贡献了力量。近年来，钱院士提出的"21 世纪是地下空间开发利用的世纪""地下空间开发利用必须规划先行""地下空间的开发利用还应该深层次地，综合性，智能化地发展""利用地下空间助力发展绿色建筑与绿色城市"等理念深入人心。陈志龙教授的团队开展的现代城市地下物流系统研究与实践，成为地下空间研究创新方向。

6.1.3　学术著作

根据中国国家图书馆·中国国家数字图书馆统计，2019 年"地下空间"图书出版物共 45 本（同一著作仅统计一次，不含再版），同比大幅缩水，详见附录 B 中的表 B1。

其中，专著/编著、教材/考试用书、工具书/标准规范类型的图书数量占比分别为 62%、7%、22%；新增文集、案例汇编两类图书，其为地下空间开发利用全周期内的规划、设计、建设、管理等某一环节中的问题提供行为准则或具体措施。2019 年地下空间学术著作分类占比如图 6.5 所示。

2019 年地下空间学术著作专业分类包括测绘学（1 项）、建筑设计（6 项）、地下工程（10 项）、市政工程（13 项）、工程技术（15 项），如图 6.6 所示。

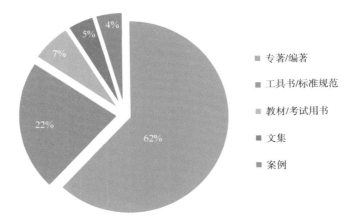

图 6.5　2019 年地下空间学术著作分类占比图

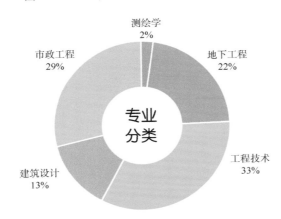

图 6.6　2019 年地下空间学术著作专业分类占比图

6.1.4　科研基金

1. 数量趋势

2019 年，"地下空间"国家自然科学基金共获批 233 项，合计约 19 091.5 万元，详见附录 B 中表 B2。

获批"地下空间"国家自然科学基金项目数量最多的依次为面上项目、青年科学基金项目、联合基金项目。其中，作为贯彻落实国家中长期人才发展规划纲要部署的青年科学基金项目达 79 项，约占总数量的 1/3（表 6.1）。侧面反映出国家加强对"地下空间"青年人才的培养，促进地下空间领域创新型青年人才的快速成长，预计参与地下空间自然科学基金项目的青年科学技术人员未来 5～10 年在地下空间科研第一线锐意进取并将取得一定科研成就，为中国地下空间事业发展添砖加瓦。

表 6.1   国家自然科学基金项目类型、数量与金额统计表

项目类型	数量/项	金额/万元
面上项目	111	6 752
重点项目	5	1 503
重大项目	6	4 000
重大研究计划	1	305
青年科学基金项目	79	1 943.5
优秀青年基金项目	2	240
联合基金项目	11	2 089
地区科学基金项目	10	406
科学部主任基金项目/应急管理项目	2	18
国际（地区）合作与交流项目	4	824
工程与材料科学部	1	246
国家重大科研仪器研制项目	1	765
合计	233	19 091.5

注：项目类型参照国家自然科学基金委员会科学基金资助体系

2. 研究方向

按照项目的主要研究方向，本报告将"地下空间"国家自然科学基金项目分为四个主要类型，即基础研究、开发建设、施工技术和安全保障。

基础研究：各种介质对地下工程建设的影响研究，以及地下工程建设对周围环境的影响研究。

开发建设：地下工程的规划、设计、建设及实施管理等相关研究。

施工技术：地下工程建设工艺、技术等相关研究。

安全保障：外部、内部灾害对地下工程的结构、开发建设、施工等影响的研究。

2019 年获批的"地下空间"国家自然科学基金中，所属一级学科的有 23 个，共涉及二级学科 62 个，详见表 6.2。

表 6.2   2019 年获批"地下空间"自然科学基金所属学科分类统计表

一级学科	二级学科	基金项目/项	合计/项
地理学	自然地理学	5	8
	地理信息系统	2	
	区域可持续发展	1	

续表

一级学科	二级学科	基金项目/项	合计/项
地球物理学和空间物理学	工程测量学	1	6
	应用地球物理学	2	
	地球内部物理学	1	
	地震学	2	
地质学	工程地质	8	30
	水文地质	18	
	生物地质学	1	
	数学地质学与遥感地质学	1	
	古生物学和古生态学	1	
	石油、天然气地质学	1	
电子学与信息系统	探测与成像	1	2
	雷达原理与雷达信号	1	
工程热物理与能源利用	燃烧学	2	2
管理科学与工程	交通运输管理	3	5
	风险管理	1	
	信息系统与管理	1	
光学和光电子学	红外与太赫兹物理及技术	1	1
海洋科学	海洋化学	3	6
	河口海岸学	2	
	海洋地质学与地球物理学	1	
宏观管理与政策	公共安全与危机管理	1	1
环境地球科学	环境水科学	20	32
	工程地质环境与灾害	3	
	土壤学	2	
	环境地球化学	2	
	区域环境质量与安全	3	
	污染物行为过程及其环境效应	1	
	环境变化与预测	1	
环境化学	污染控制化学	1	2
	环境污染化学	1	

续表

一级学科	二级学科	基金项目/项	合计/项
机械工程	机械动力学	2	2
建筑环境与结构工程	岩土与基础工程	9	88
	建筑物理	3	
	防灾工程	11	
	环境工程	7	
	交通土建工程	52	
	结构工程	5	
	岩土力学与岩土工程	1	
力学	爆炸与冲击动力学	1	1
林学与草地科学	草地科学	1	2
	森林保护学	1	
人工智能	智能系统与应用	1	1
生态学	全球变化生态学	2	2
生物材料、成像与组织工程学	生物力学与生物流变学	1	1
水利科学与海洋工程	水力学与水信息学	1	30
	岩土力学与岩土工程	17	
	农业水利	4	
	水工结构和材料及施工	1	
	水文、水资源	2	
	水环境与生态水利	3	
	海洋工程	1	
	岩土与基础工程	1	
无机非金属材料	功能陶瓷	2	2
物理学Ⅱ	核技术及其应用	1	1
冶金与矿业	矿冶生态与环境工程	1	5
	资源利用科学及其他	1	
	煤炭地下开采	1	
	安全科学与工程	2	
自动化	检测技术及装置	1	1

3. 项目分布

2019 年"地下空间"国家自然科学基金项目主要分布在 4 个直辖市、20 个省和 3 个自治区。其中 90%的项目集中于各大高等院校，共计 101 项，其余为科研院所 7 项，企业 2 项，测试中心、委员会各 1 项。

中国科学院获批"地下空间"国家自然科学基金项目数量最多，为 12 项；山东大学获批基金项目金额最高，为 3624 万元，如图 6.7 所示。

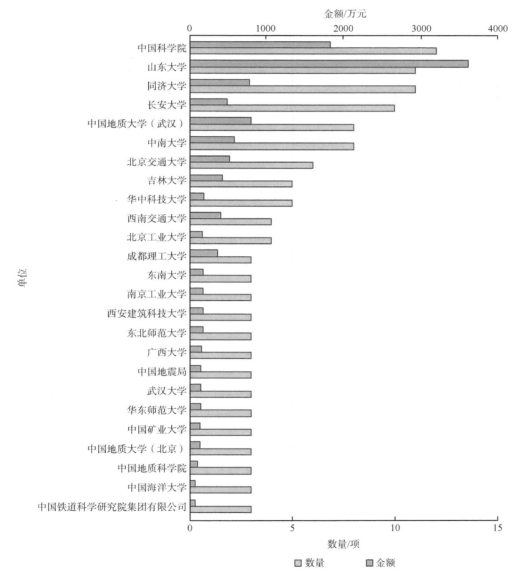

图 6.7　2019 年获批"地下空间"自然科学基金的项目数量与金额统计

图中仅展示获批基金数量不小于 3 项的单位

6.2 学 术 交 流

6.2.1 研讨会议

2019 年，中国举办涉及地下空间相关内容的学术交流会议 58 场次。跨领域多专业融合的综合性会议显著增多，热门专业方向依次为"轨道交通""地下交通（隧道）"，"综合管廊"关注度较 2018 年降低，专业热门度与 2016～2019 年基础设施建设情况基本吻合。2019 年首次召开以地质资源与地下空间为主题的学术会议。地下空间学术会议热门专业方向变化如图 6.8 所示。

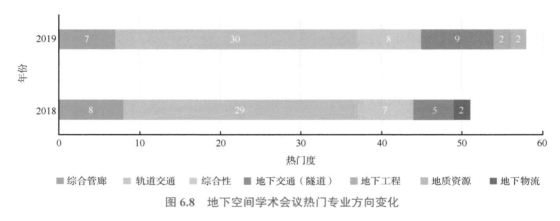

图 6.8　地下空间学术会议热门专业方向变化

越来越多的社会团体和高校机构承担了地下空间学术交流会议的主办工作，学术交流逐步呈现社会化、行业化趋势。其中，地下空间传统学术团体和行业协会（中国岩石力学与工程学会、中国市政工程协会、中国土木工程学会）及同济大学、西南交通大学两所高校，累计主办学术交流会议场次最多。

6.2.2 专业学术团体及社会组织

1. 当前中国关注地下空间的学术组织少且不够全面

截至 2019 年末，民政部登记"学会"社会组织共 24 811 家，包含地下空间相关领域与交叉学科的岩土、建筑、物流、轨道交通等。

与地下空间有关的学术团体仅有中国岩石力学与工程学会地下空间分会、中国岩石力学与工程学会地下物流专业委员会、中国建筑学会地下空间学术委员会、中国土木工程学会隧道及地下工程分会等二级学会及 12 家地方登记组织（含民办非企业单位）[①]。当前中国关注地下空间的学术组织少且不够全面。

---

① 数据来源于民政部。

地下空间与交通、市政等一样，是支撑城市发展的要素，但地下空间领域理论研究滞后于城市建设，其科研投入与成果数量、质量也远不及交通、市政。地下空间的理论研究者和城市管理者、建设者之间缺乏沟通平台与联系桥梁是造成这一现象的主要原因。

2. 加强地下空间专业社会组织建设

日本、美国、新加坡等发达国家的地下空间开发起步较早，认识与管理在探索中前行并逐步深入，地下空间开发利用的法规政策制定与专业学术组织的推动密不可分，已形成具有本国特色的地下空间法治体系。

契合中国城市发展战略的国家及地方法规政策的制定，迫切需要地下空间学科建设、学术研究作为支撑，以及地下空间专业社团统筹协调，架起政府与技术人员之间的沟通桥梁，搭建专业技术人员之间的交流平台，明确方向并共同制定符合我国国情的地下空间法律法规和技术标准。

对标国际，成立致力于地下空间领域的学术组织是地下空间高效利用与参与国际合作的强力支撑。放眼世界，地下空间开发利用强国往往都拥有相关专业学会/协会作为技术支撑和国际交流平台，如国际隧道与地下空间协会（瑞士）（International Tunnelling and Underground Space Association，ITA）、美国地下空间协会（American Underground Space Association，AUA）、法国隧道与地下空间协会（Association Française des Tunnels et de l'Espace Souterrain，AFTS）、英国隧道协会（British Tunnelling Society，BTS）、韩国隧道地下空间学会（Korean Tunnel Underground Space Association，KTA）等。

建议从事地下空间开发利用的各个学科专业领域的科技工作者和相关科研团队组建全国性、学术性社会组织，以地下为主要特点，以基础设施建设为主体，主要包括城市地下轨道交通、地下能源储备库、公路铁路隧道、地下物流系统、地下快速路系统、地下综合管廊、地下停车设施、人防工程及其他地下市政设施等。地下空间涉及行业广泛，行业背景具有综合性、全面性、多样性和复杂性的特点，因此组建的地下空间社会组织将涵盖城市规划与建筑、土木与水利工程、矿业工程、交通与运输工程、环境工程、管理工程、防灾减灾工程等多个领域。

组建地下空间全国性学术组织，能够更好地联系广大从事地下空间开发利用的科技工作者，使其开展地下空间开发利用与科技创新的学术交流，共同分析遇到的关键问题与科技挑战，研判未来发展态势、前沿方向与应对策略，在中国地下空间规划设计和高效开发利用方面对国家科学技术政策、法规制定和其他事务提出科学建议。这符合我国这个地下空间开发利用大国的发展现状，可以提高我国在世界地下空间领域的影响力。

同时，该举措还可以促进地下空间工程学科的发展，帮助各高校为我国大规模城市地下空间工程规划建设培养具有创新意识和创新精神的高级工程技术人才。

6.3 学术交流及人才问题亟待解决

6.3.1 缺乏地下空间领域跨学科、综合性融合交流的途径

通过 6.1 节对地下空间科研进展的梳理可以发现，地下空间领域涉及学科广而大，对照学科门类划分，包含建筑学、水利工程、土木工程、矿业工程、测绘科学技术和地质资源工程等，未来地下空间学术研究与所涉及的学科门类将更加深度融合。因此，城市地下空间开发利用具有较强的门槛意识，其科技创新与科研投入既受制于其边缘学科的特殊属性，如研究对象与交通、市政、人民防空等有着密不可分的联系；同时也极大地受制于与城市建设有关的宏观政策的影响，城市轨道交通、综合管廊、地下物流等建设需要强有力的政策来推动。

多学科、多领域的学术交流、技术创新与应用实践等将成为解决现有或未知的地下空间开发利用难题与阻力的重要手段，而地下空间领域目前缺乏统领上述跨学科进行融合交流与实践的有效途径。

6.3.2 专业人才供需失衡

地下空间开发利用水平与技术研究人员、规划设计人员、技术装备应用密切相关。对照供给侧结构性改革要素，城市发展侧视角下的地下空间发展的核心要素可以归纳为地下空间行业的人才培养（劳动力）、地下空间事业的科研创新（创新）。

纵观地下空间领域人才培养的格局，人才培养的层次以大学本科为主，主要培养具备城市地下空间工程的规划、设计、研究、开发利用、施工和管理能力的高级技术类人才；然而，对于具备一定学术研究能力的硕士、博士等科研类人才的培养严重不足。

目前，我国地下空间智力资源稀缺，专业人才供需关系严重不平衡。对城市地下空间相关的勘察、设计、施工、管理、教育、投资和开发、金融与保险等相关部门从事技术或管理工作的综合型学术人才和技术人才的需求巨大，而地下空间专业应届毕业生人数仍远不及需求量，专业人才供不应求。

第 7 章

地下空间事故与灾害

7.1 总体概况

根据 2019 年中央级媒体、部委网站、刊物、中央重点新闻网站及地方政府网站、新闻网站（数据统计详见附录 C）等报道的数据整理，2019 年地下空间灾害事故共237 起，较 2018 年显著上升。死亡人数共计 177 人，受伤人数 171 人。其中死亡人数超过 3 人或重伤人数超过 10 人的重大灾害事故共 15 起，死亡人数共计 95 人，受伤人数共计 145 人。

7.2 分布情况

7.2.1 分布区域有所扩大

从分布区域来看，2019 年全国共有 31 个省级行政区 113 个城市地下空间发生事故与灾害，其中广东省、河南省、北京市、江苏省等地发生频次最高，仅澳门特别行政区、西藏自治区及新疆维吾尔自治区未有城市地下空间事故与灾害的公开数据发布。

2019 年整体事故与灾害分布区域情况与往年相比有所扩大，发生事故与灾害城市在连续两年下降后上升明显，从 2018 年的 76 个城市增长至 2019 年的 113 个城市，如图 7.1 所示。

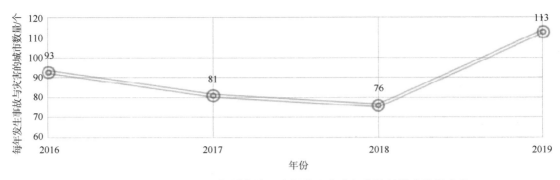

图 7.1   2016～2019 年城市地下空间发生灾害与事故的城市数量变化

资料来源：根据中央级媒体、部委网站、公开出版刊物，中央重点新闻网站及地方重点网站的报道数据整理绘制

7.2.2   中小城市事故率增加

从城市规模来看，2019 年全国发生事故与灾害的 113 个城市里，共有 51 个为中小城市，占比达到 46%（图 7.2），随着各省区市中小城市发展水平的提升，其地下空间事故与灾害的发生次数也在逐步增加。

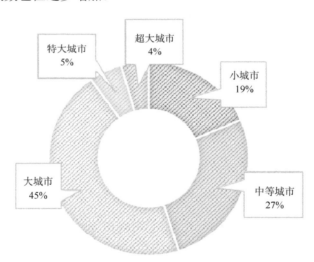

图 7.2   2019 年事故与灾害各类城市发生次数统计

7.2.3   发生频次与开发建设水平正相关，安全系数有所提高

城市地下空间事故与灾害的发生频次与其地下空间开发建设水平正相关，频发地区以经济水平相对较好，地下空间开发利用相对发达的东部、中西部的特大、超大城市为主。

2019 年地下空间事故与灾害发生频次最高的城市依次为北京、深圳、郑州和杭州。如图 7.3 所示。

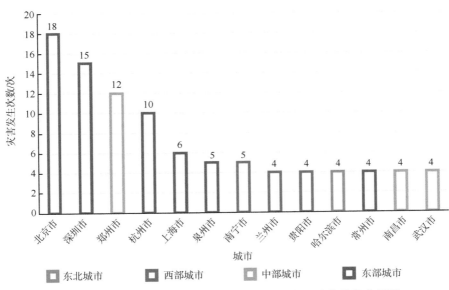

图 7.3　2019 年中国城市地下空间事故与灾害发生次数排行分析图
资料来源：根据中央级媒体、部委网站、公开出版刊物，中央重点新闻网站及
地方重点网站的报道数据整理绘制

　　地下空间事故与灾害的频发，暴露出目前城市地下空间安全管理的短板及风险防范的漏洞，安全管理水平与现代化城市发展要求不适应、不协调。但是 2019 年上述城市地下空间事故发生频次与新增地下空间建筑面积之间的比值和同期相比大多有所下降，地下空间安全系数提高，详见表 7.1。

表 7.1　2019 年地下空间事故与灾害频次最高的城市同期安全指标变化

年份	杭州	郑州	深圳	北京	上海
2018	1：130	1：82	1：47	1：75	1：194
2019	1：133	1：208	1：99	1：57	1：255

　　注：地下空间安全指标为当年地下空间灾害和事故发生频次与新增地下空间建筑面积比率，数值越小，表示安全系数越高

7.2.4　安全施工管理迫在眉睫

　　2019 年地下空间施工事故发生数量较 2018 年继续上升，达 101 起，占所有事故与灾害数量的比例虽有所下降，由 2018 年的 54%下降至 2019 年的 43%，但比重依然为各事故与灾害类型中最多的。

　　2019 年地下空间中毒与窒息事故共发生 13 起，发生次数较往年有所下降，占所有事故与灾害数量的比例达 5%，该事故多发生在轨道交通与市政管线等有限空间施工过

程中。有限空间作业由于空间狭小、自然通风不畅等特点，易造成有毒气体集聚，危害作业人员生命安全。而在伤亡人员中，有些是参与现场救援的人员，其因缺乏必要的救援知识，未采取有效的安全防范措施，盲目施救导致伤亡。针对此类事故频发的问题，各城市应当制定完善的安全管理制度与有限空间作业生产安全事故专项应急预案，并加强对施工人员安全作业、救援人员正确施救的宣教。

2019 年地下空间火灾事故共发生 27 起，水淹、渗漏引起的水灾事故 24 起，二者发生次数较 2018 年均有所增加。发生的比例较 2018 年略有降低，火灾占比由 13.5%降至 11%；水灾占比由 13.5%降至 10%。这一降低趋势与 2019 年暴雨洪涝气象灾害较少以及多数城市针对内涝积极采取了相应的防范措施有较大关系。中国气象局发布的《2019 年中国气候公报》显示，2019 年，我国气候年景总体正常，台风和低温冷冻害损失偏轻，暴雨洪涝、干旱、强对流、沙尘暴等气象灾害偏轻。

图 7.4　2019 年中国城市地下空间事故与灾害数量与类型分析图

2019 年地下空间地质灾害事故由 2018 年的 42 起增加至 63 起，占所有事故与灾害数量的比例达 27%，大部分灾害为道路路面发生塌陷。

其他事故共 9 起（图 7.4）。由于 2019 年意外事故发生次数较少，统一划归为其他事故类型。意外事故如：列车在轨道上行驶撞上防护门，地下车库上方的暖气管道掉落导致多辆车辆被砸，2 辆列车在地下隧道内发生了碰撞，等等。

7.3　事　故　类　型

2019 年地下空间事故与灾害在总数量上较 2018 年持续增长，人员伤亡的数量也随之增长。其中，由地下空间事故与灾害造成的直接死亡人数为 177 人，较上一年增加的主要原因是地质灾害，其共造成 25 人死亡，50 人受伤（图 7.5）。地下空间事故与灾害造成的受伤人数达 171 人，较 2018 年急剧增长。

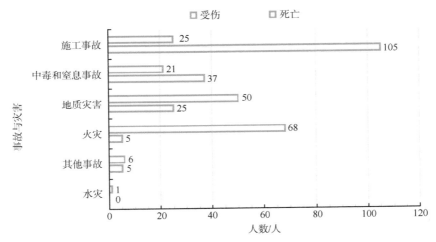

图 7.5　2019 年中国城市地下空间事故与灾害伤亡统计分析

2019 年施工事故仍是地下空间事故与灾害中伤亡人数最多的类型，共造成 105 人死亡，25 人受伤。

2019 年火灾事故死亡人数较 2018 年保持不变，为 5 人，受伤人数由 2 人增至 68 人；水淹及由渗漏引起的水灾事故主要造成经济损失，并造成了 1 人受伤。

2019 年地下空间事故与灾害事件中，无任何人员伤亡的区域为北京、海南、辽宁、内蒙古、宁夏、青海、台湾、新疆、西藏和澳门，如图 7.6 所示。

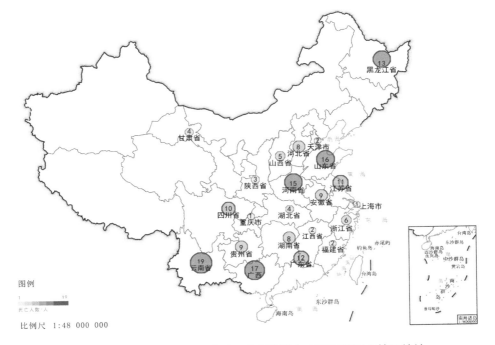

图 7.6　2019 年中国城市地下空间事故与灾害区域死亡情况统计

由地下空间事故与灾害引发的伤亡事件，其严重程度基本和目前中国地下空间开发利用水平正相关。较发达地区地下空间利用率高，建设强度相对较大，发生地下空间事故与灾害的概率也随之提高。此类城市未来更需增强安全意识，加强安全教育，建立预警机制，加强应急措施。

7.4 事故与灾害的发生时间与场所差异性明显

7.4.1 事故与灾害高发季为夏季

2019 年夏季为城市地下空间事故与灾害多发期，共发生 75 起；春季紧随其后，共发生 65 起；冬季和秋季在全年中事故与灾害的发生数量相对较少（图 7.7）。

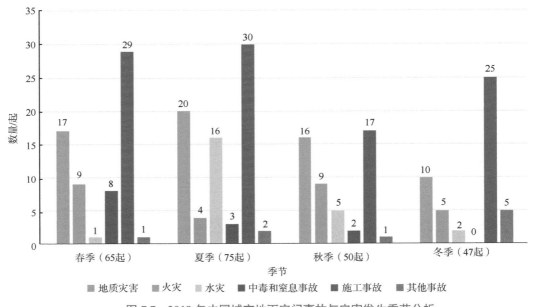

图 7.7 2019 年中国城市地下空间事故与灾害发生季节分析

受高温、暴雨等气候影响，夏季仍是地下空间水灾、地质灾害和施工事故高发季，安全施工与管理不容忽视，安全意识和保障措施不能"纸上谈兵"。

2019 年城市地下空间事故与灾害高频次发生月份为 7 月，共发生 29 起，较 2018 年有所增加。2019 年当月地下空间事故与灾害发生频次最少的月份为 2 月，共发生 5 起，如图 7.8 所示。

施工事故全年各月均有发生，4 月、7 月、8 月、12 月都在 10 次以上，2 月施工事故发生次数最少。

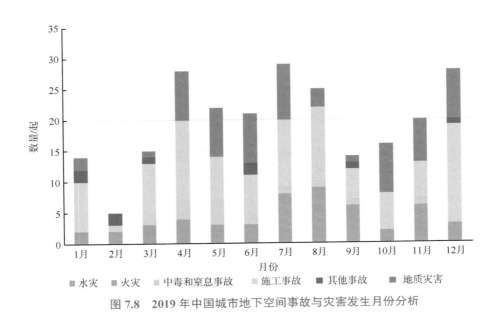

图 7.8　2019 年中国城市地下空间事故与灾害发生月份分析

7.4.2　地下市政设施成为事故与灾害高发场所

2019 年发生地下空间事故与灾害主要场所为市政管线、道路、地下车库、轨道交通、建筑基坑等，发生场所类别较 2018 年有所增加。

2019 年发生地下空间事故与灾害主要场所中，市政管线仍为高发场所，占比由 2018 年的 27%增长至 30%（图 7.9），且多为市政管线遭受破坏。而发生市政管线安全生产事故的主要原因是第三方破坏（轨道交通建设、道路施工等），这极易导致城市局部地区的停水、停电、停气、停热等问题，甚至因暴力施工造成燃气泄漏，引发火灾或爆炸等事故，严重影响居民正常生活和社会稳定。

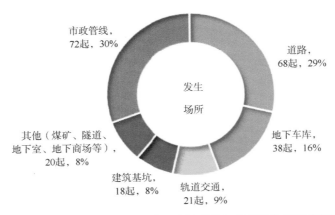

图 7.9　2019 年中国城市地下空间事故与灾害发生场所分析图

从事故与灾害类型与发生场所的关系来看，地下车库多发生火灾；道路更多发生地质灾害；轨道交通、建筑基坑及市政管线更易发生施工事故（图 7.10）。

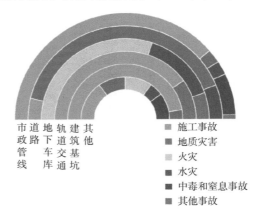

市 道 地 轨 建 其　　■ 施工事故
政 路 下 道 筑 他　　■ 地质灾害
管 　 车 交 基　　 　□ 火灾
线 　 库 通 坑　　　 ■ 水灾
　　　　　　　　　　■ 中毒和窒息事故
　　　　　　　　　　■ 其他事故

图 7.10　2019 年中国城市地下空间事故与灾害发生场所与事故类型分析图

附录 A 城市发展与地下空间开发建设综合评价

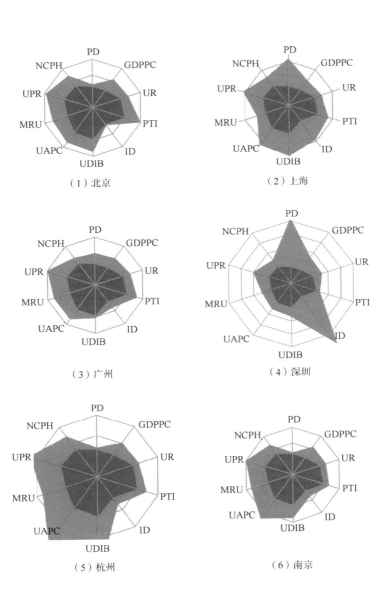

（1）北京

（2）上海

（3）广州

（4）深圳

（5）杭州

（6）南京

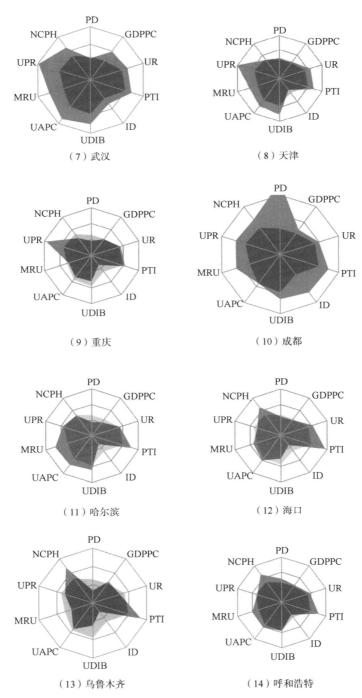

图 A1　直辖市、省会（首府）及副省级城市样本城市地下空间建设评价指标蛛网图

红色为 2019 年该城市指标，灰色为地级市（地区）及以上城市平均值

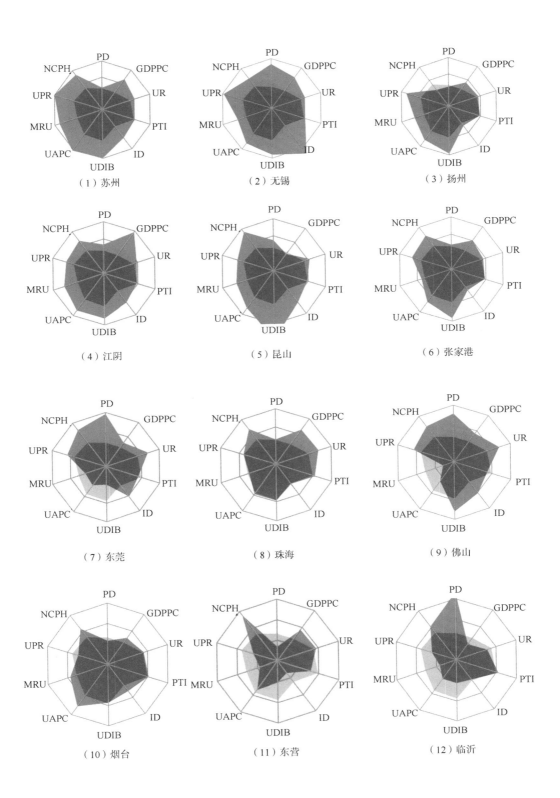

（1）苏州　　　　　（2）无锡　　　　　（3）扬州

（4）江阴　　　　　（5）昆山　　　　　（6）张家港

（7）东莞　　　　　（8）珠海　　　　　（9）佛山

（10）烟台　　　　　（11）东营　　　　　（12）临沂

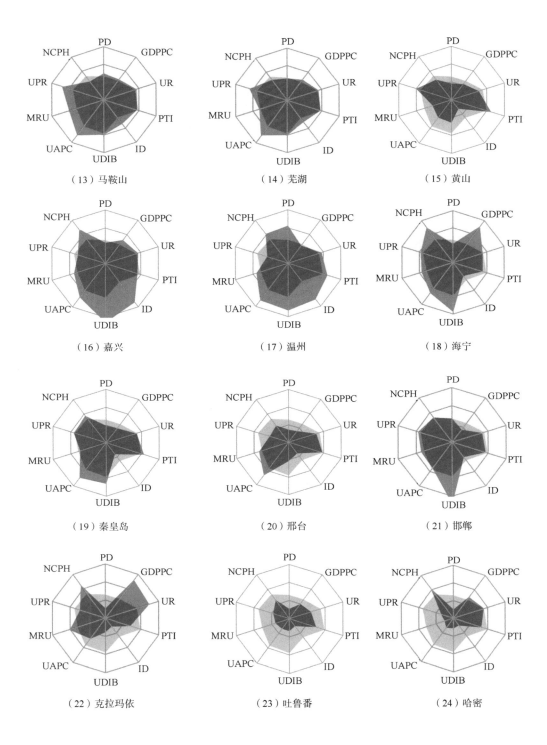

（13）马鞍山

（14）芜湖

（15）黄山

（16）嘉兴

（17）温州

（18）海宁

（19）秦皇岛

（20）邢台

（21）邯郸

（22）克拉玛依

（23）吐鲁番

（24）哈密

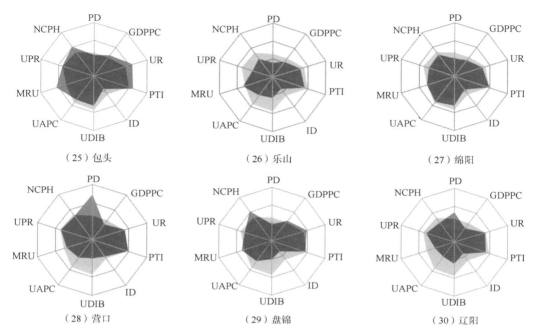

图 A2　地（县）级市样本城市地下空间建设评价指标蛛网图

红色为当前城市指标，灰色为地级市（地区）及以上城市平均值

附录 B 地下空间科研进展

表 B1 2019 年地下空间图书出版物一览表

序号	书名	作者
1	基于胞腔复形链的地下空间对象三维表达与分析计算统一数据模型研究	王永志，袁留，朱思静
2	商业中心区地下空间属性及城市设计方法	袁红
3	商业中心区地下空间规划管理及业态开发	袁红
4	地下空间利用的单一与综合	房辉
5	国家建筑标准设计图集 城市地下空间人行出入口	中国建筑标准设计研究院
6	地下工程施工	张恩正，瞿万波
7	地下工程建造技术与管理	刘军
8	地下工程施工安全控制及案例分析	龚剑，吴小建，等
9	地下建筑防水构造（一）参考图集	中国建筑标准设计研究院
10	地下管道腐蚀与防护技术	冯拉俊，沈文宁，翟哲，李善建
11	地下变电站设计技术	夏泉
12	PKPM 地下室设计从入门到提高（含实例）	庄伟
13	四川省建筑地下结构抗浮锚杆技术标准	四川省住房和城乡建设厅
14	岩土体传热过程及地下工程环境效应	王义江，周国庆，周扬
15	国内外重大地下工程事故与修复技术	白云，胡向东，肖晓春
16	重庆市城市地下综合管廊工程计价定额	重庆市建设工程造价管理总站
17	防空地下室给水排水设计施工与维护管理	丁志斌
18	湖南省城市地下综合管廊工程消耗量标准（试行）（基价表）	湖南省建设工程造价管理总站
19	临港产业区地下综合管廊建设技术	江苏方洋集团有限公司，贾秉志，等
20	结合民用建筑修建的防空地下室产权改革研究	王宇焕，曹兴龙
21	城市地下综合管廊建设指南	陈在军，梁东，白朝晖
22	市政综合管廊工程施工技术	徐前，张剑，李忠明
23	综合管廊工程装配式全流程一体化技术指南	油新华，等
24	苏州城北路综合管廊矩形顶管施工技术	邓勇，唐培文，等
25	智慧管廊全生命周期 BIM 应用指南	中冶京诚工程技术有限公司，深圳市市政设计研究院有限公司
26	地下水环境质量标准制定的关键技术	刘琰，孙继朝，何江涛
27	地下水环境功能区划体系设计与实践	熊向陨，谢林伸，何晋勇，等
28	基于混合模型的地下水埋深时空预测研究：以民勤绿洲为例	张仲荣，闫浩文
29	基坑支护与地下水控制工程施工工艺	张太清，霍瑞琴
30	西部生态脆弱区现代开采对地下水与地表生态影响规律研究	顾大钊，等

续表

序号	书名	作者
31	金属矿山露天转地下开采关键技术	路增祥，蔡美峰
32	下辽河平原地下水脆弱性与风险性评价	孙才志，郑德凤，吕乐婷
33	淮河平原区浅层地下水演变对地表生态作用及调控实践	王发信，朱梅，杨智，方瑞，等
34	地下、外墙和室内防水工程施工工艺	张太清，霍瑞琴
35	煤层气富集高产控制因素及勘探开发基础研究	宋岩，等
36	上海申通地铁集团有限公司优秀论文汇编（高级技师）	上海申通地铁集团有限公司轨道交通培训中心
37	北京地铁换乘空间的发展与研究	王冰冰，肖迎
38	地铁调度：场景构建与应急实践	夏景辉
39	能源与环境领域孔隙尺度渗流理论新进展	John Poate，Tissa Illangasekare，Hossein Kazemi，Robert Kee，著；雷征东，李熙喆，译
40	上海申通地铁集团有限公司优秀论文汇编（技师 下册）	上海申通地铁集团有限公司轨道交通培训中心
41	重大工程投资总控理论与实践：以广州地铁 11 号线为例	袁亮亮，吴敏，尹航
42	深圳地铁 9 号线工程技术创新与实践	广州地铁设计研究院股份有限公司
43	城市公共设施造价指标案例	住房和城乡建设部标准定额研究所，上海市政工程设计研究总院（集团）有限公司
44	预制装配式混凝土管廊技术指南	远大住宅工业集团股份有限公司
45	地下建筑结构设计优化及案例分析	李文平

表 B2 2019 年地下空间国家自然科学基金统计一览表

序号	搜索关键词	题目名称	项目类型	单位	金额万元	所属学部	所属一级学科	所属二级学科	所属三级学科
1	地下空间	城市地下空间建设环境下地下结构安全控制理论及方法	重点项目	湖南大学	300	工程与材料科学部	建筑环境与结构工程	岩土与基础工程	岩土与基础工程
2	地下空间	地下浅层空间中单震源被动定位方法研究	青年科学基金项目	中北大学	21.5	信息科学部	电子学与信息系统	探测与成像	地下探测与成像
3	地下空间	第一届国际地下空间探测与利用学术大会	科学部主任基金项目应急管理项目	中国科学院武汉岩土力学研究所	8	地球科学部	地质学	工程地质	工程地质
4	地下空间	主被动改善深部地下空间热环境及热舒适评价研究	面上项目	中国矿业大学	60	工程与材料科学部	建筑环境与结构工程	建筑物理	建筑热环境
5	地下空间	地下封闭拥挤空间油气爆炸灾害诱发及抑制机理研究	青年科学基金项目	河北工业大学	27	工程与材料科学部	建筑环境与结构工程	防灾工程	城市与生命线工程防灾
6	地下空间	京津冀典型区地下空间演化与地面沉降响应机理研究	重点项目	首都师范大学	300	地球科学部	地理学	地理信息系统	遥感信息分析与应用
7	地下空间	基于三维激光扫描/SLAM 的地下受限空间整体变形监控研究	面上项目	南京工业大学	63	地球科学部	地球物理学和空间物理学	工程测量学	工程测量学
8	地下空间	武汉城市地下空间工程地质灾害的孕育机理与云模式预警研究	国际（地区）合作与交流项目	中国地质大学（武汉）	229	地球科学部	环境地球科学	工程地质环境与灾害	工程地质环境与灾害
9	地下空间	地下空间中密集人群应急疏散过程的时空建模与模拟——以地铁站为例	面上项目	中国科学院遥感与数字地球研究所	57	地球科学部	地理学	地理信息系统	空间数据组织与管理
10	地下空间	深部地下结构随机声场与结构损伤识别	面上项目	中国矿业大学	63	地球科学部	地球物理学和空间物理学	应用地球物理学	城市地球物理
11	地下空间	地下结构截压抗浮关键技术研究	面上项目	华南理工大学	57	工程与材料科学部	建筑环境与结构工程	岩土与基础工程	地基与基础工程

续表

序号	搜索关键词	题目名称	项目类型	单位	金额/万元	所属学部	所属一级学科	所属二级学科	所属三级学科
12	地下空间	城市地表漫流与地下管流的耦合交互机理研究	面上项目	东南大学	60	工程与材料科学部	水利科学与海洋工程	水力学与水信息学	地表与河道水力学
13	地下空间	地下工程软弱砂土富水地层注浆加固机理研究	青年科学基金项目	山东大学	27	工程与材料科学部	水利科学与海洋工程	岩土力学与岩土工程	软基与岩土体加固和处理
14	地下空间	循环曝气微纳气泡地下滴灌调控温室番茄养分利用机制研究	青年科学基金项目	山东农业大学	26.5	工程与材料科学部	水利科学与海洋工程	农业水利	灌溉与排水
15	地下空间	弱电能强化地下水生物脱氮效能及调控机制	国际（地区）合作与交流项目	哈尔滨工业大学	280	工程与材料科学部	建筑环境与结构工程	环境工程	城市受污染水环境的工程修复
16	地下空间	城市地下工程建设与运营安全控制理论与方法	重点项目	深圳大学	300	工程与材料科学部	建筑环境与结构工程	岩土与基础工程	岩土与基础工程
17	地下空间	红树林湿地溶解无机碳的地下水输出及其调控	青年科学基金项目	中国海洋大学	27	地球科学部	海洋科学	海洋化学	海洋化学
18	地下空间	深埋地下洞室爆破开挖诱发围岩振动的高程放大效应研究	面上项目	武汉理工大学	59	工程与材料科学部	水利科学与海洋工程	水工结构和材料及施工	水工施工及管理
19	地下空间	北方典型岩溶区岩溶地下水补给演绎的影响研究	青年科学基金项目	中国地质科学院岩溶地质研究所	25	地球科学部	地质学	水文地质	水文地质
20	地下空间	抗生素的存在形态与地下水系统的自净能力	科学部主任基金项目应急管理项目	中国地质大学（北京）	10	地球科学部	环境地球科学	环境水科学	地下水环境
21	地下空间	Fe/Mg双金属强化去除地下水三氯乙烯机理研究	青年科学基金项目	中国科学院南京土壤研究所	23	地球科学部	环境地球科学	环境水科学	地下水环境
22	地下空间	基于参数尺度效应分析的地下DNAPLs污染反演溯源研究	青年科学基金项目	吉林大学	25	地球科学部	环境地球科学	环境水科学	地下水环境
23	地下空间	青藏高原高寒草地植物地下物候对气候变暖的响应及机制	青年科学基金项目	华东师范大学	23	生命科学部	生态学	全球变化生态学	草原和荒漠生态系统与全球变化

续表

序号	搜索关键词	题目名称	项目类型	单位	金额/万元	所属学部	所属一级学科	所属二级学科	所属三级学科
24	地下空间	复杂条件下地下水多尺度资料的数据同化方法研究	面上项目	南京大学	65	地球科学部	地质学	水文地质	水文地质
25	地下空间	海底地下水排放对红树林蓝碳的影响研究	青年科学基金项目	北部湾大学	27	地球科学部	海洋科学	河口海岸学	河口海岸学
26	地下空间	区域性地下非泛滥矿InSAR/GIS监测的关键技术研究	地区科学基金项目	东华理工大学	41	地球科学部	地质学	数学地质学与遥感地质学	数学地质学与遥感地质学
27	地下空间	宁蒙河套灌溉绿洲地下水生态水位及其调控阈值研究	面上项目	中国水利水电科学研究院	60	工程与材料科学部	水利科学与海洋工程	水文、水资源	流域水循环与流域综合管理
28	地下空间	高寒草甸芽库与地下根基生长动态对生境干旱化的响应	地区科学基金项目	西南林业大学	40	生命科学部	林学与草地科学	草地科学	草地过程与功能
29	地下空间	面向地下有机污染的核磁共振无损检测定量方法研究	青年科学基金项目	吉林大学	25	信息科学部	自动化	检测技术及装置	无损检测技术及装置
30	地下空间	利用剪切波分裂研究储气库注采气过程中的地下应力变化	青年科学基金项目	中国地震局地球物理研究所	24	地球科学部	地球物理学和空间物理学	地球内部物理学	地球内部物理学
31	地下空间	晚更新世以来莱州湾地下卤水成因及可恢复性研究	面上项目	青岛海洋地质研究所	61	地球科学部	环境地球科学	环境水科学	地下水环境
32	地下空间	生物氧化锰修复地下水中铊的影响响应与机制研究	面上项目	中国环境科学研究院	61	地球科学部	环境地球科学	环境地球化学	环境生物地球化学
33	地下空间	面向适灾韧性的城市应急避难设施地上地下协同布局优化研究	青年科学基金项目	上海交通大学	17.5	管理科学部	宏观管理与政策	公共安全与危机管理	公共安全与危机管理
34	地下空间	设施作物微纳米气泡地下滴灌增产提质机理与调控模式	面上项目	中国农业大学	61	工程与材料科学部	水利科学与海洋工程	农业水利	灌溉与排水
35	地下空间	基于随机统计及人工智能的地下水污染溯源辨识研究	面上项目	吉林大学	66	地球科学部	地质学	水文地质	水文地质

续表

序号	搜索关键词	题目名称	项目类型	单位	金额/万元	所属学部	所属一级学科	所属二级学科	所属三级学科
36	地下空间	大跨度地下洞库节理围岩变形演化机理及支护设计理论研究	青年科学基金项目	河北工业大学	20	工程与材料科学部	建筑环境与结构工程	交通土建工程	地下工程与隧道工程
37	地下空间	南北构造带中北部地下低速体的分层联合反演及梯度分布	面上项目	中国地震局地震预测研究所	64	地球科学部	地球物理学和空间物理学	地震学	地震学
38	地下空间	地震引起的断裂带渗透率变化及其地下水动态响应研究	面上项目	中国地震局地壳应力研究所	63	地球科学部	地质学	水文地质	水文地质
39	地下空间	基于跨孔雷达数据概率反演的地下连续墙缺陷识别方法研究	青年科学基金项目	大连理工大学	25	地球科学部	地球物理学和空间物理学	应用地球物理学	应用地球物理学
40	地下空间	地下水砷时空分布对农业灌溉的响应机制及健康风险研究	面上项目	中国科学院地理科学与资源研究所	61	地球科学部	环境地球科学	区域环境质量安全	区域环境质量综合评估
41	地下空间	再生水地下储存过程中微塑料环境行为及调控机制研究	青年科学基金项目	吉林建筑大学	28	工程与材料科学部	建筑环境与结构工程	环境工程	污水处理与资源化
42	地下空间	再生水地下储存过程中隐孢子虫迁移机制与控制方法	青年科学基金项目	长春工业大学	27	工程与材料科学部	建筑环境与结构工程	环境工程	污水处理与资源化
43	地下空间	既有地下结构屏蔽效应对开挖前降水引发基坑变形影响机制	面上项目	湖南科技大学	60	工程与材料科学部	建筑环境与结构工程	岩土与基础工程	地基与基础工程
44	地下空间	海岛潮汐环境地下油库水幕系统协同机理与水封效率优化	面上项目	中国地质大学（北京）	65	地质学	地质学	工程地质	工程地质
45	地下空间	高原山地石漠化典型区土壤地表-地下流失贡献率研究	青年科学基金项目	贵州师范大学	27	地球科学部	环境地球科学	土壤学	土壤侵蚀与水土保持
46	地下空间	两淮矿区城乡空间组织对塌陷胁迫的空间响应研究	地区科学基金项目	青海师范大学	40	地球科学部	地理学	区域可持续发展	资源环境与可持续发展
47	地下空间	季节性冻融对地表水与地下水转化关系的影响	面上项目	吉林大学	64	地球科学部	地质学	水文地质	水文地质

续表

序号	搜索关键词	题目名称	项目类型	单位	金额万元	所属学部	所属一级学科	所属二级学科	所属三级学科
48	地下空间	山东莱阳盆地下白垩统植物化石系统学与古环境研究	青年科学基金项目	中国科学院地质与地球物理研究所兰州油气资源研究中心	25	地质科学部	地质学	古生物学和古生态学	古生物学
49	地下空间	基于热示踪法的地表-地下水瞬态交互流场的量化研究	青年科学基金项目	河南大学	25	地球科学部	地质学	水文地质	水文地质
50	地下空间	华北平原典型超采地下区地下水变化机理及趋势预测研究	青年科学基金项目	河北工程大学	26	地球科学部	地理学	自然地理学	水文学与水循环
51	地下空间	地下水典型人为源稀土元素的分布特征和富集机理研究	青年科学基金项目	东华理工大学	25	地球科学部	地质学	水文地质	水文地质
52	地下空间	岩溶地下水补给型水库温度周期对碳酸循环的影响及机理	面上项目	中国地质科学院岩溶地质研究所	62	地球科学部	环境地球科学	环境水科学	地下水环境
53	地下空间	青海湖湖滨浅层地下水输入物质通量及对水环境的影响	地区科学基金项目	青海师范大学	41	地球科学部	环境地球科学	环境变化与预测	环境变化与预测
54	地下空间	煤炭地下气化炉覆岩湿热交移损伤机制及稳定性研究	面上项目	西安科技大学	65	地球科学部	地质学	工程地质	工程地质
55	地下空间	生物还原耦合生物"化铺复合铺地下水的机理及强化机制	青年科学基金项目	南华大学	26	工程与材料科学部	冶金与矿业	矿冶生态与环境工程	有害辐射等污染的防治
56	地下空间	地下水中氯代乙烷的化学还原与生物刺激协同化学氧化修复机制	青年科学基金项目	北京市科学技术研究院	25	地球科学部	环境地球科学	环境水科学	地下水环境
57	地下空间	基于铁循环调控的地下水化学氧化修复新方法	重点项目	华中师范大学	303	化学科学部	环境化学	污染控制化学	水污染控制化学
58	地下空间	岩溶地下水系统洞穴微生物驱动的甲烷循环及其生态效应	重大研究计划	中国地质大学（武汉）	305	地球科学部	地质学	生物地质学	生物地质学

续表

序号	搜索关键词	题目名称	项目类型	单位	金额/万元	所属学部	所属一级学科	所属二级学科	所属三级学科
59	地下空间	复杂阵地下基于深度神经网络的环境感知及米波雷达测高方法研究	面上项目	西安电子科技大学	58	信息科学部	电子学与信息系统	雷达原理与雷达信号	雷达目标检测与定位
60	地下空间	过硫酸氧化联合生物代谢降解岩溶地下水中汽油 BTEX 的机制	地区科学基金项目	桂林理工大学	41	地球科学部	环境地球科学	环境水科学	地下水环境
61	地下空间	大兴安岭地区森林地下火发生及发展机理研究	面上项目	北华大学	58	生命科学部	林学与草地科学	森林保护学	森林火与其他灾害
62	地下空间	地下水系统中天然有机质对原生铵态氮迁移富集的影响机理	青年科学基金项目	中国地质大学（武汉）	26	地球科学部	环境地球科学	环境水科学	地下水环境
63	地下空间	干旱流域下游河道地表水文过程及地下水时空响应研究	地区科学基金项目	新疆大学	43	地球科学部	地理学	自然地理学	水文学与水循环
64	地下空间	南海北部洋壳区海底地下水排泄的高分辨率珊瑚记录	面上项目	广西大学	60	地球科学部	海洋科学	海洋地质学与地球物理学	海洋地质学与地球物理学
65	地下空间	橡胶支座应用于地下框架结构减震设计中的机理及方法研究	青年科学基金项目	中国铁道科学研究院集团有限公司	24	工程与材料科学部	建筑环境与结构工程	防灾工程	防灾工程
66	地下空间	地下水位升降对菜地可溶性氮素累积与转化的影响研究	青年科学基金项目	北京市农林科学院	25	地球科学部	环境地球科学	土壤学	土壤肥力与土壤养分循环
67	地下空间	多水源连通交汇区地表水-地下水相互作用及生态响应研究	青年科学基金项目	济南大学	26	工程与材料科学部	水利科学与海洋工程	水环境与生态水利	水利工程对生态与环境的影响
68	地下空间	地下金属矿山岩体破坏多源异质数据流智能融合与态势评估研究	面上项目	西安建筑科技大学	60	工程与材料科学部	冶金与矿业	资源利用科学及其他	矿冶系统工程与信息工程
69	地下空间	地下水中硝酸盐向氮定向转化的多级电解工艺及机理研究	青年科学基金项目	安徽大学	27	工程与材料科学部	建筑环境与结构工程	环境工程	环境工程

续表

序号	搜索关键词	题目名称	项目类型	单位	金额/万元	所属学部	所属一级学科	所属二级学科	所属三级学科
70	地下空间	地下爆炸条件下钢筋混凝土拱形结构破坏效应及段伤评估方法研究	面上项目	宁波大学	62	数理科学部	力学	爆炸与冲击动力学	爆炸力学
71	地下空间	大型水利枢纽工程驱动多级次地下水流系统演变的关键机理研究	青年科学基金项目	华北水利水电大学	25	地球科学部	地质学	水文地质	水文地质
72	地下空间	高应力地下洞室群硬岩时效破裂演化机制与多尺度耦合分析方法研究	面上项目	中国科学院武汉岩土力学研究所	60	工程与材料科学部	水利科学与海洋工程	岩土力学与岩土工程	岩土体应力变形及灾害
73	地下空间	黑河流域上游山区地下水系统对气候变化的响应研究	青年科学基金项目	西安交通大学	26	地球科学部	地理学	自然地理学	水文学与水循环
74	地下空间	铀矿酸法地浸退役采区地下水污染物迁移转化机理研究	联合基金项目	南华大学	272	地球科学部	环境地球科学	环境水科学	地下水环境
75	地下空间	基于水-粮食-生态安全的和田河流域地表水-地下水联合调控研究	联合基金项目	中国科学院新疆生态与地理研究所	57	其他学部			
76	地下空间	寒区地下水有机污染溯源辨识、传质过程与原位修复及在线监测技术研究	联合基金项目	吉林大学	248	工程与材料科学部	建筑环境与结构工程	环境工程	环境工程
77	地下空间	考虑分区卸荷效应的地下洞室群控制性结构面参数动态反演与施工应对	联合基金项目	三峡大学	50	工程与材料科学部	水利科学与海洋工程	岩土力学与岩土工程	岩土体应力变形及灾害
78	地下空间	浅埋地下水反馈作用下的大湖流域平原区侧向产流机理研究	青年科学基金项目	河海大学	24	地球科学部	地理学	自然地理学	水文学与水循环

续表

序号	搜索关键词	题目名称	项目类型	单位	金额/万元	所属学部	所属一级学科	所属二级学科	所属三级学科
79	地下空间	废弃矿井注浆改造复合体浸泡失效特征及地下水（液）混合机制研究	面上项目	中国矿业大学（北京）	66	地球科学部	地质学	水文地质	水文地质
80	地下空间	关闭矿井地下水位回升环境下地表残余变形演化机理与预计模型研究	青年科学基金项目	安徽理工大学	25	工程与材料科学部	冶金与矿业	煤炭地下开采	煤炭地下开采
81	地下空间	露天采煤驱动下白垩系地层结构变异与地下水系统时空演变机理	地区科学基金项目	内蒙古农业大学	40	工程与材料科学部	水利科学与海洋工程	水文、水资源	水文过程和模型及预报
82	地下空间	多时间尺度可控缓释材料开发及其去除地下水中Cr(VI)污染机制研究	面上项目	清华大学	61	地球科学部	环境地球科学	环境水科学	地下水环境
83	地下空间	深大断裂带温泉溢流的周期效应及深部地下水循环机制研究	青年科学基金项目	长江水利委员会长江科学院	23	地球科学部	地质学	水文地质	水文地质
84	地下空间	河流-地下水交互带抗生素的生物地球化学作用及衰减机制	面上项目	长安大学	61	地球科学部	环境地球科学	环境水科学	地下水环境
85	地下空间	基于全波形的主动源和被动源地震多尺度地下介质成像和监测研究	国际（地区）合作与交流项目	中国科学技术大学	140	地球科学部	地球物理学和空间物理学	地震学	地震学
86	地下空间	基于多元统计-稳定同位素的农区地下水氮素污染来源及转化定量研究	面上项目	西南交通大学	61	工程与材料科学部	水利科学与海洋工程	水环境与生态水利	农业非点源污染与劣质水利用
87	地下空间	洱海近岸农田浅层地下水-湖水侧向交互带氮素动态变化及其环境归趋研究	面上项目	云南省农业科学院	61	地球科学部	环境地球科学	污染物行为过程及其环境效应	迁移、转化、归趋动力学

续表

序号	搜索关键词	题目名称	项目类型	单位	金额/万元	所属学部	所属一级学科	所属二级学科	所属三级学科
88	地下空间	再生水地下储存过程中有机物累体颗粒特异性堵塞机制及控制方法	面上项目	东北师范大学	60	工程与材料科学部	建筑环境与结构工程	环境工程	污水处理与资源化
89	地下空间	再生水 DOM 腐殖质电子穿梭效应对地下水中 As 释放影响机制研究	青年科学基金项目	中国环境科学研究院	25	地球科学部	环境地球科学	环境水科学	地下水环境
90	地下空间	民勤绿洲地下水位异常变化对极端干旱气候和灌溉活动的响应机制	青年科学基金项目	中国地质科学院水文地质环境地质研究所	25	地球科学部	地质学	水文地质	水文地质
91	地下空间	西南亚高山森林植被自然恢复过程的地下驱动机制: 近交远交假说	重点项目	中国科学院成都生物研究所	300	地球科学部	环境地球科学	区域环境质量与安全	生态恢复及其环境效应
92	地下空间	红树林湿地下水-海水交互过程对沉积物反硝化脱氮的影响	青年科学基金项目	南方科技大学	18	地球科学部	环境地球科学	环境水科学	地下水环境
93	地下空间	滨海典型区地下水对海绵城市建设的响应与约束及其 LID 设施优化设计	青年科学基金项目	南开大学	21	地球科学部	环境地球科学	环境水科学	地表水环境
94	地下空间	过硫酸盐的原位非均相激活降解地下水中难降解有机污染物	面上项目	武汉大学	61	工程与材料科学部	水利科学与海洋工程	水环境与生态水利	水环境污染与修复
95	地下空间	基于新型惰性气体 Kr-81 测年的地下水年龄与古气候信息研究	国际 (地区) 合作与交流项目	中山大学	175	地球科学部	环境地球科学	环境水科学	地表水环境
96	地下空间	基于工后地下水分场再平衡过程的超深黄土填方体沉降变形机理研究	青年科学基金项目	西安科技大学	25	地球科学部	地质学	工程地质	工程地质

续表

序号	搜索关键词	题目名称	项目类型	单位	金额/万元	所属学部	所属一级学科	所属二级学科	所属三级学科
97	地下空间	地下河口复杂水动力过程对陆源污染物入海形态和通量的影响	面上项目	西湖大学	64	地球科学部	海洋科学	河口海岸学	河口海岸学
98	地下空间	基于新型井眼探测器系统的地下考古遗迹三维 μ 子成像关键技术研究	面上项目	兰州大学	65	数理科学部	物理学 II	核技术及其应用	核技术在环境科学、地学和考古中的应用
99	地下空间	地下滴灌开沟播种技术参数对土壤水热运移和玉米出苗的影响研究	青年科学基金项目	中国水利水电科学研究院	27	工程与材料科学部	水利科学与海洋工程	农业水利	灌溉与排水
100	地下空间	氮沉降和降雨变化下羊草地下器官碳构架与碳分配对芽库动态的调节机理	面上项目	东北师范大学	58	生命科学部	生态学	全球变化生态学	草原和荒漠生态系统与全球变化
101	地下空间	非碳酸盐上游流域地下水循环对可溶无机碳迁移转化的影响研究	面上项目	南京大学	65	地球科学部	地质学	水文地质	水文地质
102	地下空间	地下水系统中全氟化合物迁移过程的界面效应及影响机理研究	青年科学基金项目	中国海洋大学	25	地球科学部	环境地球科学	环境水科学	地下水环境
103	地下空间	白洋淀生态水对河岸带地下水影响的多元环境同位素示踪研究	面上项目	天津师范大学	61	地球科学部	地理学	自然地理学	水文学与水循环
104	地下空间	北部湾典型砂质海底地下水溶解有机碳组成研究及其入海通量研究	面上项目	华东师范大学	62	地球科学部	海洋科学	海洋化学	海洋化学
105	地下空间	浅层地下水系统中锰-铁-砷耦合作用机制及其对砷迁移转化的影响	面上项目	中国地质大学（武汉）	61	地球科学部	环境地球科学	环境水科学	地下水环境

续表

序号	搜索关键词	题目名称	项目类型	单位	金额/万元	所属学部	所属一级学科	所属二级学科	所属三级学科
106	地下空间	海洋牧场生态环境对海底地下水输送营养盐通量的响应——以象山港为例	面上项目	华东师范大学	62	地球科学部	海洋科学	海洋化学	海洋化学
107	地下空间	地下水-土壤系统中新型极性多环芳烃衍生物的非靶向识别与转化机理研究	面上项目	国家地质实验测试中心	65	化学科学部	环境化学	环境污染化学	污染物迁移转化与区域环境过程
108	地下空间	平缓潮滩下覆含水层变密度地下水流和溶质运移反应过程数值模拟研究	面上项目	南方科技大学	65	地球科学部	地质学	水文地质	水文地质
109	地下空间	核壳化炭零价铁制备及其活化过硫酸盐去除地下水苯酚机理研究	青年科学基金项目	南昌大学	27	地球科学部	环境地球科学	环境水科学	地下水环境
110	地下空间	变饱和带中地下水位波动条件下氧气的运移机理与数值模拟研究	面上项目	中国地质大学（武汉）	67	地球科学部	地质学	水文地质	水文地质
111	地下空间	基于可见光成像和数值模拟研究微塑料对 DNAPL 在地下水中运移的影响	青年科学基金项目	暨南大学	23	地球科学部	地质学	水文地质	水文地质
112	地下空间	多场耦合作用下高聚物注浆修复材料与地下混凝土排水管道相互作用机理研究	面上项目	郑州大学	60	工程与材料科学部	建筑环境与结构工程	岩土与基础工程	岩土工程减灾
113	地下空间	再生水地下生态储存中自修复反应性超滤膜的构筑及其分离-清洁-修复机制	面上项目	东北师范大学	60	工程与材料科学部	建筑环境与结构工程	环境工程	污水处理与资源化
114	地下空间	农林废弃物强化生物电化学系统去除地下水硝酸盐机理研究	面上项目	中国地质大学（北京）	65	地球科学部	地质学	水文地质	水文地质

续表

序号	搜索关键词	题目名称	项目类型	单位	金额/万元	所属学部	所属一级学科	所属二级学科	所属三级学科
115	地下空间	四川盆地古生界页岩气储层硅质成因及其对页岩气生成的影响	面上项目	中国石油化工股份有限公司石油勘探开发研究院	65	地球科学部	地质学	石油、天然气地质学	石油、天然气地质学
116	地下空间	磷石膏堆场与农业复合作用下磷在地下水中的迁移转化及源解析	面上项目	成都理工大学	62	地球科学部	环境地球科学	环境水科学	地下水环境
117	地下空间	随机特征下城市地上地下一体化货运运输网络的耦合机制与优化方法研究	面上项目	中国人民解放军陆军工程大学	48	管理科学部	管理科学与工程	交通运输管理	交通运输管理
118	地下空间	珠江三角洲地下水系统砷富集机制：溶解性有机质的制约	面上项目	广州大学	61	地球科学部	环境地球科学	环境地球化学	环境生物地球化学
119	地下空间	基于可视化模型试验的湿地地下水与地表水交互作用机制及耦合模型研究	青年科学基金项目	绍兴文理学院	22	地球科学部	环境地球科学	环境水科学	地下水环境
120	地下空间	地表水-地下水作用带内水动力过程对溶解性磷酸盐迁移富集的控制机理	青年科学基金项目	中国地质大学（武汉）	26	地球科学部	地质学	水文地质	水文地质
121	地下空间	人类活动影响下富钙高氟地下水中氟-钙耦合抗拮的环境生物地球化学过程研究	青年科学基金项目	中国地质大学（武汉）	25	地球科学部	地质学	水文地质	水文地质
122	地铁	地下灌溉影响包气管水力特性研究	面上项目	华北水利水电大学	60	工程与材料科学部	水利科学与海洋工程	农田水利	灌溉与排水
123	地铁	地铁运营前教盾膨胀土隧道长期沉降研究	地区科学基金项目	广西大学	40	工程与材料科学部	建筑环境与结构工程	岩土与基础工程	地基与基础工程
124	地铁	地铁施工安全风险管理知识挖掘及智能支持能研究	青年科学基金项目	中国矿业大学	20	管理科学部	管理科学与工程	风险管理	风险管理

续表

序号	搜索关键词	题目名称	项目类型	单位	金额/万元	所属学部	所属一级学科	所属二级学科	所属三级学科
125	地铁	装配整体式地铁车站预制拼装节点抗震性能研究	青年科学基金项目	北京工业大学	22	工程与材料科学部	建筑环境与结构工程	防灾工程	防灾工程
126	地铁	地铁车辆段上盖建筑传振动传播规律及预测方法研究	青年科学基金项目	广东工业大学	25	工程与材料科学部	建筑环境与结构工程	交通土建工程	铁道工程
127	地铁	潮汐客流特征下地铁列车不成对运输组织与控制优化研究	面上项目	北京交通大学	49	管理科学部	管理科学与工程	交通运输管理	交通运输管理
128	地铁	基于人机混合智能的地铁列车增强智能驾驶系统关键算法研究	面上项目	福州大学	58	信息科学部	人工智能	智能系统与应用	人机混合智能
129	地铁	黄土地铁隧道涌水灾变机制及结构破坏演化规律	面上项目	长安大学	62	工程与材料科学部	建筑环境与结构工程	交通土建工程	地下工程与隧道工程
130	地铁	地铁行车荷载作用下饱和软黏土渗透特性及其微观演化机理研究	青年科学基金项目	中国科学院武汉岩土力学研究所	27	工程与材料科学部	水利科学与海洋工程	岩土力学与岩土工程	岩土体试验、现场观测与分析
131	地铁	跨活断层地铁隧道地震动力响应机制及安全设防研究	面上项目	长安大学	61	地球科学部	环境地球科学	工程地质环境与灾害	工程地质环境与灾害
132	地铁	面向地铁客流大数据的统计机器学习技术研究	青年科学基金项目	香港城市大学深圳研究院	18	管理科学部	管理科学与工程	信息系统与管理	数据挖掘与商务分析
133	地铁	地铁运行产生的地层低频柱面波及引起古建筑差异微振动	面上项目	北京交通大学	60	工程与材料科学部	建筑环境与结构工程	交通土建工程	地下工程与隧道工程
134	地铁	地铁列车荷载下隧道周围饱和软土非线性流变固结理论研究	面上项目	浙江大学	60	工程与材料科学部	建筑环境与结构工程	岩土与基础工程	地基与基础工程
135	地铁	地铁换乘车站防烟分区火灾烟气扩散特性与控制模式研究	青年科学基金项目	清华大学	25	工程与材料科学部	工程热物理与能源利用	燃烧学	火灾

续表

序号	搜索关键词	题目名称	项目类型	单位	金额/万元	所属学部	所属一级学科	所属二级学科	所属三级学科
136	地铁	基于低模量高阻尼橡胶的地铁盾构隧道自适应隔震机理研究	青年科学基金项目	华中科技大学	24	工程与材料科学部	建筑环境与结构工程	防灾工程	结构振动控制
137	地铁	完全非平稳空间变化地震动作用下地铁隧道震损特征研究	青年科学基金项目	华中科技大学	23	工程与材料科学部	建筑环境与结构工程	交通土建工程	地下工程与隧道工程
138	地铁	强震区地铁地下车站结构的减隔震控制理论与效能研究	面上项目	南京工业大学	60	工程与材料科学部	建筑环境与结构工程	防灾工程	地震工程
139	地铁	基于混合预测方法的地铁列车振动环境影响参数不确定性研究	面上项目	北京交通大学	60	工程与材料科学部	建筑环境与结构工程	交通土建工程	铁道工程
140	地铁	基于周边开挖不确定性的地铁隧道结构响应鲁棒性研究	面上项目	同济大学	59	工程与材料科学部	建筑环境与结构工程	交通土建工程	铁道工程
141	综合管廊	综合管廊内部大型管线的抗震性能评价及加固措施研究	面上项目	北京工业大学	60	工程与材料科学部	建筑环境与结构工程	防灾工程	地震工程
142	综合管廊	大跨度波纹钢板综合管廊构土-钢作用机理及承载能力研究	面上项目	西安建筑科技大学	60	工程与材料科学部	建筑环境与结构工程	结构工程	钢结构与空间结构
143	综合管廊	饱和软土中地下综合管廊交叉节点地震损伤机理分析及振动台试验研究	面上项目	天津大学	61	工程与材料科学部	建筑环境与结构工程	防灾工程	地震工程
144	隧道	水下悬浮隧道锚索非线性动力特性及多素与隧道动力耦合效应精细化研究	面上项目	同济大学	59	工程与材料科学部	建筑环境与结构工程	结构工程	结构分析、计算与设计理论
145	隧道	隧道不良地质超前探测与灾害防控	优秀青年基金项目	山东大学	120	工程与材料科学部	水利科学与海洋工程	岩土力学与岩土工程	岩土体应力变形及灾害

续表

序号	搜索关键词	题目名称	项目类型	单位	金额/万元	所属学部	所属一级学科	所属二级学科	所属三级学科
146	隧道	隧道区域环境的地震动空间效应	优秀青年基金项目	同济大学	120	地球科学部	环境地球科学	区域环境质量与安全	重大工程活动的影响
147	隧道	超长跨海隧道的灾害规律和施工控制	重大项目	山东大学	2000	工程与材料科学部	水利科学与海洋工程	岩土力学与岩土工程	岩土工程
148	隧道	软土盾构隧道前掘性维养模型研究	面上项目	苏州大学	60	工程与材料科学部	建筑环境与结构工程	交通土建工程	地下工程与隧道工程
149	隧道	砂卵石地层隧道开挖围岩变形与围岩破坏机理研究	青年科学基金项目	北京建筑大学	25	工程与材料科学部	建筑环境与结构工程	交通土建工程	地下工程与隧道工程
150	隧道	海底隧道风化裂隙岩体注浆扩散加固机理研究	青年科学基金项目	山东大学	25	工程与材料科学部	建筑环境与结构工程	交通土建工程	地下工程与隧道工程
151	隧道	铁电隧道结可靠性及失效机理的研究	联合基金项目	华南师范大学	60	数理科学部			
152	隧道	HfO2 基柔性铁电外延薄膜及其隧道结的研究	面上项目	南昌大学	60	工程与材料科学部	无机非金属材料	功能陶瓷	压电与铁电陶瓷材料
153	隧道	隧道火灾烟气行为模式多样性及其诱发、干预机制	面上项目	重庆大学	61	工程与材料科学部	工程热物理与能源利用	燃烧学	火灾
154	隧道	不良地质段跨海隧道多源信息智慧感知与性能分析	重大项目	山东大学	430	工程与材料科学部	水利科学与海洋工程	岩土力学与岩土工程	岩土工程
155	隧道	超快原子分辨太赫兹场近场扫描隧道显微镜	国家重大科研仪器研制项目	中国科学院上海微系统与信息技术研究所	765	信息科学部	光学和光电子学	红外与太赫兹物理及技术	太赫兹技术及应用
156	隧道	深埋隧道同歊型岩爆孕育过程的机理与预警研究	面上项目	中国科学院武汉岩土力学研究所	65	地球科学部	地质学	工程地质	工程地质
157	隧道	南方膨胀岩地区地铁隧道围岩传热特性及热效应研究	面上项目	广西大学	58	工程与材料科学部	建筑环境与结构工程	交通土建工程	地下工程与隧道工程
158	隧道	铁电隧道结的超快存储及人工突触器件研究	面上项目	中国科学技术大学	60	工程与材料科学部	无机非金属材料	功能陶瓷	压电与铁电陶瓷材料

续表

序号	搜索关键词	题目名称	项目类型	单位	金额/万元	所属部门	所属一级学科	所属二级学科	所属三级学科
159	隧道	城区土−岩地层下穿隧道爆破桩基振动效应研究	面上项目	中国地质大学（武汉）	65	地球科学部	地质学	工程地质	工程地质
160	隧道	大数据驱动的不良地质段跨海隧道结构灾变预报与控制	重大项目	北京航空航天大学	380	工程与材料科学部	水利科学与海洋工程	岩土力学与岩土工程	岩土力学与岩土工程
161	隧道	超长深埋高地应力隧道大变形灾变机理与风险防控	工程与材料科学部	成都理工大学	246	工程与材料科学部	水利科学与海洋工程	岩土力学与岩土工程	岩土体应力变形及灾害
162	隧道	岩溶隧道溶洞突涌水机理与灾害前兆实时监测预测	青年科学基金项目	山东大学	27	工程与材料科学部	水利科学与海洋工程	岩土力学与岩土工程	岩土体应力变形及灾害
163	隧道	高水压断层破碎地层盾构隧道开挖面失稳破坏机理研究	青年科学基金项目	深圳大学	25	工程与材料科学部	建筑环境与结构工程	结构工程	土木工程施工与管理
164	隧道	考虑混凝土细观特性的道床−盾构隧道界面剥离机理研究	青年科学基金项目	同济大学	24	工程与材料科学部	建筑环境与结构工程	交通土建工程	铁道工程
165	隧道	考虑损伤效应的隧道预制混凝土衬砌氯盐渗透侵蚀机理研究	面上项目	中南大学	60	工程与材料科学部	建筑环境与结构工程	交通土建工程	地下工程与隧道工程
166	隧道	高速铁路富泥岩隧道仰拱底鼓机理及控制对策研究	地区科学基金项目	兰州交通大学	40	工程与材料科学部	建筑环境与结构工程	交通土建工程	地下工程与隧道工程
167	隧道	白云岩隧道排水系统结晶致堵机理及破除	地区科学基金项目	贵州大学	40	工程与材料科学部	建筑环境与结构工程	交通土建工程	地下工程与隧道工程
168	隧道	软土场地盾构隧道纵向地震反应特性与损伤机理研究	青年科学基金项目	华中科技大学	25	工程与材料科学部	建筑环境与结构工程	防灾工程	地震工程
169	隧道	板块缝合带裂隙岩体盾构隧道大变形预测及控制技术研究	面上项目	北京交通大学	60	工程与材料科学部	建筑环境与结构工程	交通土建工程	地下工程与隧道工程
170	隧道	地铁隧道施工扰动下含缺陷土岩复合地层灾变机制研究	面上项目	青岛理工大学	60	工程与材料科学部	建筑环境与结构工程	交通土建工程	地下工程与隧道工程

续表

序号	搜索关键词	题目名称	项目类型	单位	金额/万元	所属学部	所属一级学科	所属二级学科	所属三级学科
171	隧道	深长隧道硬岩 TBM 掘进岩爆诱发机制及判别准则	面上项目	武汉大学	63	工程与材料科学部	建筑环境与结构工程	交通土建工程	地下工程与隧道工程
172	隧道	高速铁路隧道服役期安全性能演化及智能控制	联合基金项目	北京交通大学	231	工程与材料科学部	建筑环境与结构工程	交通土建工程	地下工程与隧道工程
173	隧道	不良地质地段跨海隧道的地震破坏机理与抗震韧性设计方法	重大项目	广州大学	380	工程与材料科学部	水利科学与海洋工程	岩土力学与岩土工程	岩土力学与岩土工程
174	隧道	混凝土沉管隧道的火灾行为及性能化抗火设计理论	面上项目	华侨大学	60	工程与材料科学部	建筑环境与结构工程	防灾工程	结构抗火
175	隧道	应力对超青苔藓聚乳酸可吸收螺钉隧道界面胶合的影响	面上项目	四川大学	58	生命科学部	生物材料、成像与组织工程学	生物力学与生物流变学	肌骨组织与运动系统生物力学
176	隧道	温度-应力耦合作用下盾构隧道接缝密封性能演化机理	青年科学基金项目	中南大学	25	工程与材料科学部	建筑环境与结构工程	交通土建工程	地下工程与隧道工程
177	隧道	穿越多种饱和土质长盾构隧道地震响应研究	面上项目	华中科技大学	60	工程与材料科学部	建筑环境与结构工程	岩土与基础工程	岩土工程减灾
178	隧道	超大跨度扁平公路隧道分部开挖荷载释放机理及支护力学特性研究	面上项目	长安大学	60	工程与材料科学部	建筑环境与结构工程	交通土建工程	地下工程与隧道工程
179	隧道	高铁隧道结构表面病害海量图像快速采集与识别方法研究	面上项目	西南交通大学	60	工程与材料科学部	建筑环境与结构工程	交通土建工程	地下工程与隧道工程
180	隧道	基于行为管的长隧道（群）运行环境自解释型安全设计方法	面上项目	长安大学	60	工程与材料科学部	建筑环境与结构工程	交通土建工程	道路工程
181	隧道	基于相变冷凝板的高地温隧道降温机制及设计方法研究	面上项目	东南大学	60	工程与材料科学部	建筑环境与结构工程	交通土建工程	地下工程与隧道工程
182	隧道	考虑接头时变行为的盾构隧道衬砌结构性能演化机理	青年科学基金项目	同济大学	25	工程与材料科学部	建筑环境与结构工程	交通土建工程	地下工程与隧道工程

续表

序号	搜索关键词	题目名称	项目类型	单位	金额/万元	所属学部	所属一级学科	所属二级学科	所属三级学科
183	隧道	考虑流固耦合效应的砂质海床盾构隧道地震失稳机理研究	面上项目	南京工业大学	60	工程与材料科学部	建筑环境与结构工程	防灾工程	地震工程
184	隧道	穿越断层破碎带隧道连续体-非连续体多尺度分析研究	面上项目	华东交通大学	68	地球科学部	地学	工程地质	工程地质
185	隧道	不良地质段跨海隧道的渐进变形破坏机理与长期性能设计方法	重大项目	中国科学院武汉岩土力学研究所	380	工程与材料科学部	水利科学与海洋工程	岩土力学与岩土工程	岩土力学与岩土工程
186	隧道	施工期超长跨海隧道不良地质断面超细前探测与防灾技术	重大项目	山东大学	430	工程与材料科学部	水利科学与海洋工程	岩土力学与岩土工程	岩土力学与岩土工程
187	隧道	高铁隧道"采集-设计-施工"一体化智能建造关键技术	联合基金项目	同济大学	231	工程与材料科学部	建筑环境与结构工程	交通土建工程	地下工程与隧道工程
188	隧道	复杂海洋环境应力营期隧道结构灾变机理与防控理论及技术	联合基金项目	山东大学	247	工程与材料科学部	水利科学与海洋工程	岩土力学与岩土工程	岩土体应力变形及灾害
189	隧道	缓倾层状软弱围岩地段高速铁路大断面隧道底部变形机理研究	联合基金项目	西南交通大学	231	工程与材料科学部	建筑环境与结构工程	交通土建工程	地下工程与隧道工程
190	隧道	列车-隧道耦合作用下内压力波动机理及迭代学习控制研究	面上项目	西南交通大学	60	机械工程	机械动力学	机械结构与系统动力学	
191	隧道	基于波流场固体耦合的荷载下悬浮隧道响应与实验研究	面上项目	招商局重庆交通科研设计院有限公司	60	工程与材料科学部	建筑环境与结构工程	交通土建工程	地下工程与隧道工程
192	隧道	高地应力装配式围岩隧道大变形灾变力学行为演化及预测方法	青年科学基金项目	长安大学	26	工程与材料科学部	建筑环境与结构工程	交通土建工程	地下工程与隧道工程

续表

序号	搜索关键词	题目名称	项目类型	单位	金额/万元	所属学部	所属一级学科	所属二级学科	所属三级学科
193	隧道	基于地下隧道（洞室）施工期的粉尘扩散机理与通风控制方法	面上项目	西安建筑科技大学	60	工程与材料科学部	建筑环境与结构工程	建筑物理	建筑热环境
194	隧道	岩溶隧道排水系统结晶堵塞机理及防治关键技术研究	青年科学基金项目	交通运输部公路科学研究所	26	工程与材料科学部	建筑环境与结构工程	交通土建工程	地下工程与隧道工程
195	隧道	特长公路隧道互补+竖井组合通风系统能效及优化控制研究	面上项目	长安大学	54	工程与材料科学部	建筑环境与结构工程	建筑物理	建筑热环境
196	隧道	跨海悬浮隧道全自由度涡激振动特性试验与理论研究	青年科学基金项目	上海交通大学	25	工程与材料科学部	水利科学与海洋工程	海洋工程	海洋工程的基础理论
197	隧道	地层注浆对盾构隧道横向变形的恢复机理与优化控制方法	面上项目	同济大学	63	工程与材料科学部	建筑环境与结构工程	交通土建工程	地下工程与隧道工程
198	隧道	高铁隧道口无砟轨道系统温度分布特征及变形协调机理	青年科学基金项目	中国铁道科学研究院集团有限公司	28	工程与材料科学部	建筑环境与结构工程	交通土建工程	铁道工程
199	隧道	越海越江隧道口关联行车安全与通行能力协同提升设计方法	面上项目	同济大学	60	工程与材料科学部	建筑环境与结构工程	交通土建工程	道路工程
200	隧道	高速列车气动载荷诱发隧道有损衬砌劣变演化机理及其微震监测方法研究	面上项目	石家庄铁道大学	60	工程与材料科学部	建筑环境与结构工程	交通土建工程	地下工程与隧道工程
201	隧道	基于数据挖掘的隧道施工全过程安全风险动态评估与管控方法	青年科学基金项目	山东大学	27	工程与材料科学部	水利科学与海洋工程	岩土力学与岩土工程	岩体应力变形及灾害
202	隧道	深埋砂卵石地层土压平衡盾构隧道开挖面失稳机制与控制措施	面上项目	北京工业大学	60	工程与材料科学部	建筑环境与结构工程	交通土建工程	地下工程与隧道工程

续表

序号	搜索关键词	题目名称	项目类型	单位	金额/万元	所属学部	所属一级学科	所属二级学科	所属三级学科
203	隧道	基于可靠度理论的高海拔特长铁路隧道火灾人员疏散安全评价模型研究	青年科学基金项目	四川农业大学	23	工程与材料科学部	建筑环境与结构工程	交通土建工程	地下工程与隧道工程
204	隧道	基于细观组构的砂卵石隧道围岩力学行为及其效应机理研究	面上项目	成都理工大学	60	工程与材料科学部	建筑环境与结构工程	交通土建工程	地下工程与隧道工程
205	隧道	盾构隧道高性能拼连同步式管片接头的联动控制性能优化研究	面上项目	天津大学	60	工程与材料科学部	建筑环境与结构工程	交通土建工程	地下工程与隧道工程
206	隧道	强降雨极端气候下土质滑坡区域既有隧道桩锚协同加固力学机理研究	面上项目	上海理工大学	61	地球科学部	环境地球科学	工程地质环境与灾害	工程地质环境与灾害
207	隧道	缓倾层状软弱围岩高速铁路隧道底部变形机理及防控技术研究	联合基金项目	中南大学	231	工程与材料科学部	建筑环境与结构工程	交通土建工程	地下工程与隧道工程
208	隧道	寒区高铁隧道基底冻裂质干枚岩冻-动联合损伤机制及性能恢复	面上项目	中南大学	60	工程与材料科学部	建筑环境与结构工程	交通土建工程	地下工程与隧道工程
209	隧道	海水侵蚀环境影响下海底隧道浆液复合体弱化机理研究	青年科学基金项目	中国海洋大学	27	工程与材料科学部	水利科学与海洋工程	岩土力学与岩土工程	岩土体应力变形及灾害
210	隧道	公路隧道细小火雾与通风作用下的火灾烟气纵向输运特性与控制方法研究	青年科学基金项目	长安大学	21	工程与材料科学部	建筑环境与结构工程	防灾工程	城市与生命线工程防灾
211	隧道	考虑列车空气动力效应的隧道衬砌混凝土水分传输与收缩机理研究	青年科学基金项目	中国铁道科学研究院集团有限公司	25	工程与材料科学部	建筑环境与结构工程	结构工程	混凝土结构材料

续表

序号	搜索关键词	题目名称	项目类型	单位	金额/万元	所属学部	所属一级学科	所属二级学科	所属三级学科
212	隧道	低气压高温差铁路长大隧道瞬变压力及其对乘客舒适性影响机理	青年科学基金项目	中南大学	27	工程与材料科学部	机械工程	机械动力学	机械结构与系统动力学
213	隧道	基于复合阻燃剂控释方法协同抑制隧道沥青路面热分解行为研究	面上项目	南京林业大学	60	工程与材料科学部	建筑环境与结构工程	交通土建工程	道路工程
214	隧道	基于非饱和土极限作用下钢模型的含节理黄土隧道围岩压力计算方法	青年科学基金项目	长安大学	26	工程与材料科学部	建筑环境与结构工程	交通土建工程	地下工程与隧道工程
215	隧道	隧道爆破冲击波作用下钢化玻璃波疲劳损伤性状与阻波方法研究	面上项目	中南大学	60	工程与材料科学部	建筑环境与结构工程	交通土建工程	地下工程与隧道工程
216	隧道	深部软弱流变地层中隧道围岩与"让压变形"支护系统间相互作用关系研究	青年科学基金项目	武汉大学	26	工程与材料科学部	建筑环境与结构工程	交通土建工程	地下工程与隧道工程
217	隧道	非一致激励下长距离沉管隧道纵向地震响应分析	青年科学基金项目	同济大学	25	工程与材料科学部	建筑环境与结构工程	交通土建工程	地下工程与隧道工程
218	隧道	川藏铁路高压富水隧道突涌水灾变演化机理与动态调控方法研究	面上项目	山东大学	60	工程与材料科学部	水利科学与海洋工程	岩土力学与岩土工程	岩体应力变形及灾害
219	隧道	土的剪胀性对隧道开挖地表沉降的影响机理及其计算方法研究	青年科学基金项目	北京工业大学	24	工程与材料科学部	建筑环境与结构工程	岩土力学与基础工程	地基与基础工程
220	隧道	杂纤维自密实混凝土隧道管片火灾高温爆裂机制与力学性能退化规律研究	青年科学基金项目	江南大学	25	工程与材料科学部	建筑环境与结构工程	结构工程	混凝土结构材料

续表

序号	搜索关键词	题目名称	项目类型	单位	金额 万元	所属学部	所属一级学科	所属二级学科	所属三级学科
221	隧道	高内水压下盾构隧道双层衬砌与围岩共同作用力学模型及破环机制	面上项目	同济大学	60	工程与材料科学部	建筑环境与结构工程	交通土建工程	地下工程与隧道工程
222	隧道	峡谷风负压诱导和气流屏障作用下隧道火羽流行为与烟气输运特性研究	面上项目	中南大学	60	工程与材料科学部	冶金与矿业	安全科学与工程	安全科学与工程
223	隧道	上伏软塑黄土层大断面隧道施工围岩失稳机理与防控技术研究	面上项目	长安大学	60	工程与材料科学部	建筑环境与结构工程	交通土建工程	地下工程与隧道工程
224	隧道	重载列车激励作用下隧道底部围岩劣化机理及其对结构力学行为的影响	青年科学基金项目	重庆科技学院	21	工程与材料科学部	建筑环境与结构工程	交通土建工程	地下工程与隧道工程
225	隧道	纵向通风作用下隧道内双火源火灾烟气特征参数分布与临界风速模型研究	面上项目	山东科技大学	60	工程与材料科学部	冶金与矿业	安全科学与工程	安全科学与工程
226	隧道	三维受力状态下大直径盾构隧道钢筋钢纤维混凝土管片开裂破损模型研究	面上项目	同济大学	60	工程与材料科学部	建筑环境与结构工程	交通土建工程	地下工程与隧道工程
227	隧道	高速铁路隧道智能监控量测与超前地质预报一体化理论与关键技术	联合基金项目	山东大学	231	工程与材料科学部	水利科学与海洋工程	岩土力学与岩土工程	岩土力学与岩土工程
228	隧道	高铁隧道衬砌结构裂损掉块的气动力学机制及行车安全性研究	面上项目	中南大学	60	工程与材料科学部	建筑环境与结构工程	交通土建工程	地下工程与隧道工程
229	隧道	基于多源数据融合和挖掘的岩体隧道工程地质信息分级推断不确定性推断	面上项目	东南大学	65	地球科学部	地质学	工程地质	工程地质

续表

序号	搜索关键词	题目名称	项目类型	单位	金额/万元	所属学部	所属一级学科	所属二级学科	所属三级学科
230	隧道	复杂地质条件下长大地下隧道地震动力响应特征及不确定性研究	面上项目	华中科技大学	60	工程与材料科学部	建筑环境与结构工程	岩土与基础工程	岩土工程减灾
231	隧道	隧道内降解 NO_x 的 $g\text{-}C_3N_4/$长余辉复合光催化材料设计及协同机制研究	面上项目	重庆交通大学	60	工程与材料科学部	建筑环境与结构工程	交通土建工程	地下工程与隧道工程
232	隧道	山区高速公路隧道群行车风险时空耦合机理解析及二次事故主动预控策略研究	青年科学基金项目	招商局重庆交通科研设计院有限公司	19	管理科学部	管理科学与工程	交通运输管理	交通运输管理
233	隧道	考虑地层参数空间变异性和三维土拱效应的隧道开挖面稳定性分析模型	面上项目	北京交通大学	60	工程与材料科学部	建筑环境与结构工程	交通土建工程	地下工程与隧道工程

附录 C 地下空间灾害与事故统计

时间	事故类型	事故发生原因	死亡人数 人	受伤人数 人	地下空间类型	城市	信息来源	网址
1月4日	施工事故	施工过程发生坍塌事故	1	1	建筑基坑	江苏省南京市	中国新闻网	https://baijiahao.baidu.com/s?id=1621737271158409113&wfr=spider&for=pc
1月6日	施工事故	管道施工发生坍塌	2	0	市政管线	安徽省淮南市	淮南市城乡建设局	http://cjj.huainan.gov.cn/tzgg/103901446.html
1月6日	施工事故	施工失误致管道渗漏	0	0	道路	山东省潍坊市	潍坊新闻网	https://www.sohu.com/a/287162878_148698
1月7日	施工事故	地铁施工挖断天然气管道，导致天然气泄漏	0	0	市政管线	广东省深圳市	南方都市报	https://www.sohu.com/a/287269777_161795
1月8日	施工事故	施工引发坍塌事故	2	0	市政管线	安徽省芜湖市	安徽网	https://baijiahao.baidu.com/s?id=1625901818498575842&wfr=spider&for=pc
1月8日	施工事故	地铁施工引发塌陷	0	0	轨道交通	福建省福州市	福建闽南网	https://baijiahao.baidu.com/s?id=1622140978676610722&wfr=spider&for=pc
1月8日	其他事故	列车行驶撞上防护门	1	3	轨道交通	重庆市	潇湘晨报	https://baijiahao.baidu.com/s?id=1622236859148827945&wfr=spider&for=pc
1月9日	施工事故	项目施工导致光缆受损	0	0	市政管线	湖北省武汉市	楚天都市报	https://baijiahao.baidu.com/s?id=1623101041352930116&wfr=spider&for=pc
1月10日	其他事故	地下车库暖气管道掉落致多辆车辆被砸	0	0	地下车库	河南省郑州市	河南人民广播电台	https://baijiahao.baidu.com/s?id=1622339576440644386&wfr=spider&for=pc
1月12日	施工事故	施工引发坍塌事故	1	0	建筑基坑	安徽省安庆市	安徽网	https://baijiahao.baidu.com/s?id=1625901818498575842&wfr=spider&for=pc
1月14日	地质灾害	暗渠年久老化形成空洞，导致塌陷	0	0	道路	山东滨州市	大众网滨州·海报新闻	http://binzhou.dzwww.com/bzhxw/201901/t20190114_16782067.htm

续表

时间	事故类型	事故发生原因	死亡人数/人	受伤人数/人	地下空间类型	城市	信息来源	网址
1月17日	地质灾害	污水管线填埋时间久远，土层松动，引起塌陷	0	0	道路	北京市	北京日报	https://baijiahao.baidu.com/s?id=16229736764102146 53&wfr=spider&for=pc
1月25日	火灾	地下车库木质可燃物燃烧	0	0	地下车库	江苏省南通市	南通广播电视台	https://baijiahao.baidu.com/s?id=16236179088788905 77&wfr=spider&for=pc
1月29日	水灾	暖气管道爆裂，地下车库被淹	0	0	地下车库	河南省郑州市	河南广播电视台法治现场	http://henan.sina.com.cn/news/s/2019-01-29/detail-ihqfisk cp1318940.shtml
2月13日	火灾	地下停车场突发火灾	0	36	地下车库	广东省深圳市	深圳晚报	http://www.myzaker.com/article/5c641dfe1bc8e06a2b00 0372/
2月21日	水灾	暴雨引发路面塌陷	0	0	道路	广东省东莞市	东莞阳光网	http://news.sun0769.com/town/ms/201902/t20190220_8 040128_5.shtml?spm=zm5111-001.0.0.10.cCUnMF
2月22日	其他事故	地铁施工，工人高处坠落	1	0	轨道交通	江苏省常州市	东方网	http://news.eastday.com/eastday/13news/auto/news/china /20190606/u7ai8614260.html
2月22日	其他事故	地下管线发生爆裂	0	0	市政管线	辽宁省沈阳市	辽沈晚报	http://liaoning.news.163.com/19/0223/05/E8M7G7I0042 28EEJ.html
2月28日	施工事故	天然气管线挖损泄漏	0	0	市政管线	甘肃省兰州市	兰州晚报	http://gansu.gansudaily.com.cn/system/2019/03/01/01714 5230.shtml
3月7日	施工事故	地铁施工损环出水管，出现渗漏	0	0	轨道交通	浙江省杭州市	钱江晚报	https://baijiahao.baidu.com/s?id=16273275960312634 45&wfr=spider&for=pc
3月10日	火灾	地下车库起火	0	0	地下车库	安徽省阜阳市	颍州晚报	https://www.fynews.net/article-172042-1.html
3月10日	施工事故	施工造成道路塌塌	0	0	道路	浙江省宁波市	浙江日报	https://baijiahao.baidu.com/s?id=16276211888311637 88&wfr=spider&for=pc
3月10日	地质灾害	突发地面塌陷	0	0	道路	山东省泰安市	齐鲁晚报	https://baijiahao.baidu.com/s?id=1627793846478945 7&wfr=spider&for=pc
3月11日	火灾	地下车库突发火灾	0	0	地下车库	湖北省鄂州市	黄石消防	http://share.zaihuangshi.com/v2_1/wap/share-thread?tid= 30187
3月16日	施工事故	施工发生管道滑落伤人事故	1	0	市政管线	河南省郑州市	郑州市应急管理局	https://baijiahao.baidu.com/s?id=16419071650230031 20&wfr=spider&for=pc

续表

时间	事故类型	事故发生原因	死亡人数/人	受伤人数/人	地下空间类型	城市	信息来源	网址
3月16日	施工事故	施工挖破燃气支管道	0	0	市政管线	江苏省扬州市	扬州晚报	http://news.jstv.com/a/20190317/1552794216512.shtml
3月18日	火灾	地下室电瓶爆燃事故	0	1	地下室	上海市	新民晚报	https://baijiahao.baidu.com/s?id=16284298986265 0659&wfr=spider&for=pc
3月18日	其他事故	2辆列车在地下隧道内发生碰撞	0	1	轨道交通	香港特别行政区	环球时报	https://baijiahao.baidu.com/s?id=16283228862866 71494&wfr=spider&for=pc
3月20日	施工事故	抢修天然气管道过程发生塌方事故	2	0	市政管线	河南省许昌市	许昌市应急管理局	https://baijiahao.baidu.com/s?id=16419071650230 03120&wfr=spider&for=pc
3月22日	中毒与窒息事故	污水管网检修发生中毒窒息事故	1	2	市政管线	安徽省亳州市	安徽省应急管理厅	http://yjt.ah.gov.cn/public/9377745/137997734.html
3月25日	施工事故	施工单位将一中压燃气管线挖漏	0	0	市政管线	北京市	中国政法网	https://www.bj148.org/zz1/ggaq/201912/t20191212_154 5125.html
3月28日	施工事故	施工单位损坏燃气管线	0	0	市政管线	北京市	中国政法网	https://www.bj148.org/zz1/ggaq/201912/t20191212_154 5125.html
3月29日	施工事故	施工单位损坏燃气管线	0	0	市政管线	北京市	中国政法网	https://www.bj148.org/zz1/ggaq/201912/t20191212_154 5125.html
3月29日	施工事故	施工过程中发生车辆伤害事故	1	0	隧道	湖北省十堰市	湖北省住房和城乡建设厅	https://zjt.hubei.gov.cn/zfxxgk/fdzdgknr/gysyjs/aqsc/sgkb/202008/t20200805_2737709.shtml
4月1日	施工事故	施工过程发生瓦斯灾害事故	7	2	隧道	云南省昭通市	央广网	https://baijiahao.baidu.com/s?id=16298449275511 9807&wfr=spider&for=pc
4月3日	施工事故	施工挖破天然气管道	0	0	市政管线	河北省沧州市	每日沧州	https://baijiahao.baidu.com/s?id=16297846832579 30382&wfr=spider&for=pc
4月4日	施工事故	施工不慎造成自来水管破裂	0	0	市政管线	安徽省黄山市	安徽网	https://baijiahao.baidu.com/s?id=16298792237767 85449&wfr=spider&for=pc
4月7日	施工事故	施工挖漏天然气管道	0	0	市政管线	北京市	中国政法网	https://www.bj148.org/zz1/ggaq/201912/t20191212_154 5125.html
4月8日	施工事故	施工引发坍塌事故	2	0	建筑基坑	河南省郑州市	人民网	https://www.sohu.com/a/306753519_114731

续表

时间	事故类型	事故发生原因	死亡人数 人	受伤人数 人	地下空间类型	城市	信息来源	网址
4月8日	地质灾害	路面突发沉降	0	0	道路	江西省南昌市	南昌晚报	https://baijiahao.baidu.com/s?id=1630217891798879713&wfr=spider&for=pc
4月9日	地质灾害	水土流失造成路面开裂下陷	0	0	道路	海南省海口市	南国都市报	https://baijiahao.baidu.com/s?id=1630347007284783884&wfr=spider&for=pc
4月9日	火灾	人为纵火	0	0	地下车库	辽宁省葫芦岛市	葫芦岛晚报	https://new.qq.com/omn/20190412/20190412A0MQX0.html
4月9日	施工事故	施工挖破天然气管道	0	0	市政管线	陕西省西安市	都市快报	http://news.hsw.cn/system/2019/0409/1076258.shtml
4月10日	施工事故	施工造成边坡土体坍塌	5	1	建筑基坑	江苏省扬州市	住建部	http://www.mohurd.gov.cn/zlaq/cftb/zfhcxjsbctfb/201904/20190417_240224.html
4月11日	地质灾害	自建房后突发地面塌陷	0	0	道路	广西壮族自治区贵港市	贵港新闻网	http://wz.ggnews.com.cn/index.php?m=show&id=144964
4月11日	火灾	地下车库突发火灾	0	0	地下车库	广西壮族自治区柳州市	南国早报	https://baijiahao.baidu.com/s?id=1630654614968587463&wfr=spider&for=pc
4月12日	地质灾害	路基被掏空，引发坍塌	0	0	道路	广东省湛江市	凤凰网视频	https://v.ifeng.com/c/7loigITZD7B
4月14日	地质灾害	突发道路塌陷	0	0	道路	北京市	中国经济网	https://baijiahao.baidu.com/s?id=1630774482010359671&wfr=spider&for=pc
4月15日	中毒与窒息事故	管道改造过程发生重大中毒事故	10	12	地下室	山东省济南市	央视新闻网	https://baijiahao.baidu.com/s?id=164417228480570239&wfr=spider&for=pc
4月16日	施工事故	施工造成燃气泄漏	0	0	市政管线	浙江省杭州市	杭州网	https://baijiahao.baidu.com/s?id=1630970330165380603&wfr=spider&for=pc
4月17日	中毒与窒息事故	地下化粪池处置过程发生中毒事故	3	0	地下室	湖南省耒阳市	中国青年网	https://baijiahao.baidu.com/s?id=1631243069575340467&wfr=spider&for=pc
4月17日	施工事故	施工导致燃气管爆裂	0	0	市政管线	四川省成都市	成都商报	http://news.sina.com.cn/o/2019-04-17/doc-ihvhiewr6588133.shtml
4月18日	施工事故	施工导致土方坍塌事故	2	0	市政管线	湖北省黄冈市	湖北省住建厅	https://zjt.hubei.gov.cn/zfxxgk/fdzdgknr/gysyjs/aqsc/sgkb/202008/t20200805_2737709.shtml

续表

时间	事故类型	事故发生原因	死亡人数/人	受伤人数/人	地下空间类型	城市	信息来源	网址
4月21日	地质灾害	管线泄漏引发路面坍塌	0	0	道路	黑龙江省哈尔滨市	哈尔滨新闻网	https://www.sohu.com/a/309426796_349336
4月21日	火灾	特斯拉轿车突然起火	0	0	地下车库	上海市	新民晚报	https://baijiahao.baidu.com/s?id=163146615940347 2828&wfr=spider&for=pc
4月21日	地质灾害	水管断裂引发路面坍塌	0	0	道路	福建省厦门市	厦门日报	https://www.sohu.com/a/309447771_404517
4月22日	地质灾害	水土流失形成地下空洞引发路面坍塌	0	0	道路	广东省深圳市	晶报	https://baijiahao.baidu.com/s?id=1641937541863 28478&wfr=spider&for=pc
4月23日	施工事故	施工引发坍塌事故	2	0	市政管线	河南省安阳市	河南省应急管理厅	http://yjglt.henan.gov.cn/2019/05-17/987102.html
4月24日	施工事故	施工单位破坏燃气管线	0	0	市政管线	北京市	中国政法网	https://www.bj148.org/zz1/ggaq/201912/t20191212_154 5125.html
4月24日	火灾	地下车位改仓库失火	0	0	地下车库	湖南省长沙市	长沙晚报	https://baijiahao.baidu.com/s?id=16317097204442 68144 3
4月25日	施工事故	施工过程发生透水事故	2	0	市政管线	天津市	津南发布	https://tj.news.163.com/19/0426/10/EDMBDOF20420 8F5 J.html
4月26日	中毒与窒息事故	工人下管井检查发生中毒事故	3	0	市政管线	广西壮族自治区南宁市	广西日报	https://baijiahao.baidu.com/s?id=16318701072886 95822&wfr=spider&for=pc
5月1日	施工事故	地下室工程发生伤害事故	1	0	建筑基坑	贵州省贵阳市	贵州都市报	https://baijiahao.baidu.com/s?id=163249231316 076291&wfr=spider&for=pc
5月3日	地质灾害	雨污水管破损引发路面坍塌	0	0	道路	广东省深圳市	深圳广电第一现场	https://baijiahao.baidu.com/s?id=16325305330643 05298&wfr=spider&for=pc
5月4日	施工事故	施工过程发生管沟土方坍塌	4	0	市政管线	甘肃省庆阳市	住建部	http://www.mohurd.gov.cn/zlaq/cftb/zhhcxjsbcftb/201906 /t20190605_240761.html
5月4日	中毒与窒息事故	污水管网清淤作业时，发生中毒窒息事故	2	0	市政管线	河南省商丘市	河南省应急管理厅	http://yjglt.henan.gov.cn/2019/05-17/987109.html

续表

时间	事故类型	事故发生原因	死亡人数/人	受伤人数/人	地下空间类型	城市	信息来源	网址
5月6日	地质灾害	水土流失形成空洞引发路面坍塌	0	0	道路	广东省深圳市	晶报	https://baijiahao.baidu.com/s?id=1641937541863284478&wfr=spider&for=pc
5月7日	中毒与窒息事故	地下室酿酒引发二氧化碳中毒	1	4	地下室	浙江省金华市	金华新闻	https://zj.qq.com/a/20190513/005376.htm
5月11日	火灾	地下车库发生火灾	0	0	地下车库	江西省九江市	九江新闻网	https://baijiahao.baidu.com/s?id=1633162133157295252&wfr=spider&for=pc
5月15日	施工事故	施工单位段损中压燃气管线并造成燃气泄漏	0	0	市政管线	北京市	中国政法网	https://www.bj148.org/zz1/ggaq/201912/t20191212_154 5125.html
5月16日	地质灾害	污水管破频形成空洞，引发路面坍塌	0	0	道路	广东省深圳市	晶报	https://baijiahao.baidu.com/s?id=1641937541863284478&wfr=spider&for=pc
5月17日	地质灾害	擅自开采致地表塌陷	7	36	煤矿	黑龙江省黑河市	应急管理部	https://www.mem.gov.cn/gk/tzgg/tb/201905/t20190528_281555.shtml
5月19日	地质灾害	排水管破损引发路面塌陷	0	0	道路	广东省惠州市	惠州日报	http://static.nfapp.southcn.com/content/201905/20/c2239015.html
5月19日	地质灾害	路面塌陷事件	0	0	道路	广西壮族自治区南宁市	广西日报	https://baijiahao.baidu.com/s?id=1634021730032472507&wfr=spider&for=pc
5月20日	水灾	地下停车场积水近2米深	0	0	地下车库	福建省泉州市	东南早报	https://baijiahao.baidu.com/s?id=1634025619426232565&wfr=spider&for=pc
5月20日	地质灾害	路边发生塌陷	0	0	道路	四川省南充市	封面新闻	https://baijiahao.baidu.com/s?id=1634038443216523118&wfr=spider&for=pc
5月21日	地质灾害	水泥管破裂导致地陷	0	0	道路	广东省中山市	中山日报	https://www.sohu.com/a/315777357_120106186
5月22日	施工事故	基坑发生坍塌事故	2	1	建筑基坑	河南省濮阳市	濮阳应急管理局	https://new.qq.com/omn/HNC20190/HNC20190906000096700.html
5月26日	中毒与窒息事故	疏通地下污水管网时发生中毒窒息事故	2	0	市政管线	河北省邯郸市	河北省应急管理厅	https://www.sohu.com/a/320511248_482371

续表

时间	事故类型	事故发生原因	死亡人数 人	受伤人数 人	地下空间类型	城市	信息来源	网址
5月27日	施工事故	施工段发生坍塌	5	0	轨道交通	山东省青岛市	重庆晨报	https://baijiahao.baidu.com/s?id=16351861254323275269&wfr=spider&for=pc
5月28日	中毒与窒息事故	煤矿发生瓦斯倾出事故	5	1	煤矿	湖南省郴州市	央视新闻网	http://news.cctv.com/2019/05/29/ARTIgZkz4xREXdBZ0cscyPWd190529.shtml
5月28日	施工事故	工人查看抽排积水时，遇沟槽土体滑移	1	0	轨道交通	江苏省常州市	东方网	http://news.eastday.com/eastday/13news/auto/news/china/20190606/u7ai8614260.html
5月30日	火灾	地下车库车辆发生自燃	0	0	地下车库	湖北省武汉市	楚天都市报	https://baijiahao.baidu.com/s?id=16350369228797138&wfr=spider&for=pc
5月31日	施工事故	地铁施工破环管道导致天然气泄漏	0	0	市政管线	河北省石家庄市	石家庄网络广播电视台	https://www.sohu.com/a/318046884_205018
6月2日	施工事故	施工挖破天然气管道，致天然气泄漏	0	0	市政管线	湖南省永州市	潇湘晨报	https://baijiahao.baidu.com/s?id=16353116140888443050&wfr=spider&for=pc
6月3日	水灾	雨水倒灌车库	0	0	地下车库	吉林省长春市	民生新闻眼	https://www.sohu.com/a/318626997_394951
6月4日	地质灾害	道路结构层下水土流失导致路面出现塌陷	0	0	道路	山东省济南市	山东商报	https://baijiahao.baidu.com/s?id=16354674067248479815&wfr=spider&for=pc
6月6日	中毒与窒息事故	疏通管道作业发生中毒窒息事故	3	0	市政管线	河北省唐山市	河北省应急管理厅	https://www.sohu.com/a/320511248_482371
6月8日	施工事故	施工过程基坑支护桩坍塌，造成路面塌陷	0	0	建筑基坑	广西壮族自治区南宁市	南宁头条	https://baijiahao.baidu.com/s?id=16358557440757649981&wfr=spider&for=pc
6月10日	地质灾害	突发路面塌陷	0	0	道路	青海省西宁市	西海都市报	https://baijiahao.baidu.com/s?id=16360266135161013957&wfr=spider&for=pc
6月12日	地质灾害	路面下方大面积空洞，发生局部塌陷	0	0	道路	河南省洛阳市	洛阳网	http://news.lyd.com.cn/system/2019/06/12/031402956.shtml
6月13日	地质灾害	突发地面塌陷	0	0	道路	安徽省亳州市	亳州新闻综合广播	https://www.sohu.com/a/320379871_100252870

续表

时间	事故类型	事故发生原因	死亡人数（人）	受伤人数（人）	地下空间类型	城市	信息来源	网址
6月14日	火灾	地下车库发生火灾	0	0	地下车库	广东省中山市	中山日报	https://zsrbapp.zsnews.cn/home/content/newsContent/2/524349
6月16日	施工事故	施工导致隧道发生漏水事件	0	0	轨道交通	广东省佛山市	广州日报	https://baijiahao.baidu.com/s?id=1636563116537288126&wff=spider&for=pc
6月16日	施工事故	施工现场发生基坑边坡坍塌事故	3	0	建筑基坑	河北省廊坊市	住建部	http://www.mohurd.gov.cn/zlaq/cftb/zfhcxjsbcftb/201906/t20190621_240935.html
6月16日	其他事故	地铁内发生意外事故	1	1	轨道交通	上海市	东方卫视	https://baijiahao.baidu.com/s?id=1636569928438762&wff=spider&for=pc
6月17日	其他事故	地下车库发生意外事故	1	0	地下车库	河南省郑州市	郑州日报	http://henan.sina.com.cn/news/z/2019-06-21/detail-ihytcitk658653.shtml
6月18日	施工事故	燃气管道顶管施工不当引发地面坍塌	0	0	市政管线	广东省深圳市	晶报	https://baijiahao.baidu.com/s?id=1641937541863284478&wff=spider&for=pc
6月20日	地质灾害	车载荷过大，出现小范围路面塌陷情况	0	0	道路	河南省许昌市	禹州市电视台	https://baijiahao.baidu.com/s?id=1636927864019495710&wff=spider&for=pc
6月20日	施工事故	施工过程工作人员意外坠落至地下室	1	0	地下室	江苏省南京市	江苏省住建厅	https://www.sohu.com/a/323229187_651281
6月21日	施工事故	暴雨导致部分小区地下车库进水严重	0	0	地下车库	湖南省长沙市	红网	https://baijiahao.baidu.com/s?id=1637121944640926986&wff=spider&for=pc
6月24日	水灾	水管漏水引发路面坍塌	0	0	道路	宁夏回族自治区银川市	中国新闻网	http://news.timedg.com/2019-06-24/20840362.shtml
6月24日	地质灾害	突发路面塌陷	0	0	道路	浙江省杭州市	钱江台	https://www.sohu.com/a/322740474_364748
6月26日	地质灾害	路面突发地陷	0	0	道路	湖北省武汉市	武汉晨报	http://dy.163.com/v2/article/detail/EJO2TLJR053469LP.html
6月28日	施工事故	施工挖破燃气管道，致使燃气泄漏	0	0	市政管线	湖南省郴州市	潇湘晨报	https://baijiahao.baidu.com/s?id=1637685229604659367&wff=spider&for=pc

续表

时间	事故类型	事故发生原因	死亡人数 人	受伤人数 人	地下空间类型	城市	信息来源	网址
7月1日	施工事故	施工破坏环中压燃气管道，造成燃气泄漏	0	0	市政管线	北京市	北京日报	https://ie.bjd.com.cn/5b165687a010550e5ddc0e6a/contentApp/5b16573ae4b02a9fe2d558f9/AP5d819a3ce4b04a7b9d163fca?isshare=1&app=B0E62747-862D-4A47-8DE7-D2FE2F295517
7月3日	施工事故	施工过程突发涌水涌砂，引发隧道地面塌陷	0	0	轨道交通	黑龙江省哈尔滨市	生活报	https://baijiahao.baidu.com/s?id=1653497278214542789
7月4日	地质灾害	污水管线破损，引发路面塌陷	0	0	市政管线	北京市	北京交通广播	https://society.huanqiu.com/article/9CaKrnKliH
7月4日	地质灾害	雨水管破损，引发路面塌陷	0	0	道路	山东省济南市	齐鲁晚报	https://baijiahao.baidu.com/s?id=1638298503877479260&wfr=spider&for=pc
7月4日	施工事故	地铁施工围挡处发生塌陷事故	1	1	轨道交通	山东省青岛市	中国新闻网	https://baike.baidu.com/reference/2360362/c445hdoMdvtao7LTHepRrwv89paqBvv0V3q3b-08KegocJhcpd_qF4Q3TzJpGi3L5HH50BNJ6d-EMdpu5FpQHf67QoctGEYaDdOcdI.X0MtJB
7月5日	地质灾害	路面突发塌陷	0	0	道路	广西壮族自治区梧州市	藤县快报	https://www.163.com/dy/article/EJAVIN5K0514WPFO.html
7月5日	地质灾害	路面突发塌陷	0	0	道路	山东省潍坊市	齐鲁晚报	https://baijiahao.baidu.com/s?id=1685447534922030&wfr=spider&for=pc
7月5日	施工事故	施工过程挖断燃气管道	0	0	市政管线	四川省成都市	成都商报社	https://baijiahao.baidu.com/s?id=1638190094676177849&wfr=spider&for=pc
7月8日	施工事故	施工过程发生局部明塌	3	1	建筑基坑	广东省深圳市	住建部	http://www.mohurd.gov.cn/zlaq/cftb/zhhcxjsbcftb/201907/t20190724_241219.html
7月10日	水灾	管道漏水地下室被淹没	0	0	地下室	江苏省镇江市	今日镇江	http://cmstop.zz.com.cn/chengjian/p/52359.html
7月13日	火灾	地下车库电动车起火	0	0	地下车库	浙江省杭州市	浙江日报	https://baijiahao.baidu.com/s?id=1638992103901089153&wfr=spider&for=pc
7月13日	水灾	雨水倒灌进车库	0	0	地下车库	江西省南昌市	江西广播电视台	https://baijiahao.baidu.com/s?id=1644171184050189932&wfr=spider&for=pc

续表

时间	事故类型	事故发生原因	死亡人数人	受伤人数人	地下空间类型	城市	信息来源	网址
7月16日	施工事故	施工破坏燃气管线	0	0	市政管线	北京市	北京政法网	https://www.bj148.org/zz1/ggaq/201912/t20191212_1545125.html
7月17日	地质灾害	污水管破损，导致路面塌陷	0	0	道路	广东省深圳市	南方都市报	https://baijiahao.baidu.com/s?id=16392842930493490043&wfr=spider&for=pc
7月18日	火灾	地下车库车辆起火	0	0	地下车库	贵州省遵义市	遵视全媒体	https://xw.qq.com/amphtml/20190720A0MFF100
7月19日	施工事故	施工挖破供水管道	0	0	市政管线	广东省梅州市	梅州网	http://mzrb.meizhou.cn/html/2019-07/20/content_221494.htm
7月19日	地质灾害	道路突发塌陷	0	0	道路	江苏省南通市	如皋广播电视台	https://baijiahao.baidu.com/s?id=1639547642235152625&wfr=spider&for=pc
7月20日	中毒与窒息事故	施工过程发生中毒事故	2	0	市政管线	黑龙江省哈尔滨市	哈尔滨新闻网	https://baijiahao.baidu.com/s?id=1639595070926792152&wfr=spider&for=pc
7月23日	施工事故	施工发生触电事故	1	1	地下室	安徽省合肥市	安徽省住建厅	http://dohurd.ah.gov.cn/wjgk/tfwj/54911021.html
7月23日	水灾	暴雨导致地面发生塌陷	0	0	道路	河北省唐山市	新京报	http://bj.news.163.com/19/0723/19/EKPUOPSH043899JR.html
7月23日	地质灾害	隧道顶部坍塌	0	0	隧道	湖北省宜昌市	央视新闻	http://news.china.com.cn/2019-07/23/content_75023450.htm
7月25日	地质灾害	自来水管线爆裂导致路面塌陷	0	0	道路	台湾省高雄市	中国新闻网	https://baijiahao.baidu.com/s?id=1640082629337506897&wfr=spider&for=pc
7月28日	施工事故	暗挖施工引发路面坍塌	0	0	道路	江苏省徐州市	中宏网	https://baijiahao.baidu.com/s?id=1640463097825422118&wfr=spider&for=pc
7月28日	水灾	雨水倒灌弥漫整个地下车库	0	0	地下车库	四川省绵阳市	四川在线	https://baijiahao.baidu.com/s?id=1640453167557233043&wfr=spider&for=pc
7月29日	施工事故	施工造成雨水管线渗漏，导致路面下沉塌陷	0	0	市政管线	北京市	北京人民广播电视台新闻广播——问北京	https://www.sohu.com/a/332084799_100176953
7月30日	水灾	连日降雨引发路面塌陷	0	0	市政管线	北京市	北京日报	https://baijiahao.baidu.com/s?id=1640563022184999184&wfr=spider&for=pc

续表

时间	事故类型	事故发生原因	死亡人数 人	受伤人数 人	地下空间类型	城市	信息来源	网址
7月30日	施工事故	施工过程地下室土块滑移	1	0	建筑基坑	福建省泉州市	福建省住房和城乡建设厅	http://zjt.fujian.gov.cn/xyfw/Pgt/201908/t20190807_4959951.htm
7月31日	水灾	雨水下灌，造成路面突然塌陷	0	0	道路	河北省保定市	燕南赵北	https://new.qq.com/omn/20190731/20190731A0QPO100.html
7月31日	地质灾害	突发路面塌陷	0	0	道路	河南省郑州市	河南交通广播	https://baijiahao.baidu.com/s?id=16405285645422728360&wfr=spider&for=pc
8月1日	水灾	暴雨造成地面塌陷	0	0	道路	河南省郑州市	河南商报	https://baijiahao.baidu.com/s?id=16407564127837099507&wfr=spider&for=pc
8月1日	施工事故	地下室车库顶板发生局部塌陷事故	0	0	建筑基坑	江西省南昌市	北京晚报	https://baijiahao.baidu.com/s?id=16409451476527150642&wfr=spider&for=pc
8月1日	施工事故	地铁施工，引发大面积塌陷	0	0	轨道交通	内蒙古自治区呼和浩特市	内蒙古新闻网	https://baijiahao.baidu.com/s?id=16410767180272282287&wfr=spider&for=pc
8月3日	水灾	大暴雨天气引发路面坍塌	0	0	道路	辽宁省本溪市	中国天气网	https://baijiahao.baidu.com/s?id=16409054734783783299&wfr=spider&for=pc
8月4日	水灾	大雨致小区地下车库被淹	0	0	地下车库	北京市	新京报	https://baijiahao.baidu.com/s?id=16411025401583037380&wfr=spider&for=pc
8月5日	施工事故	施工单位在沟槽挖掘作业时，造成中压天然气管线损毁泄漏	0	0	市政管线	北京市	北京政法网	https://www.bj148.org/zz1/ggaq/201912/t20191212_1545125.html
8月5日	水灾	持续性强降雨影响，部分小区车库完全被淹没	0	0	地下车库	四川省乐山市	四川在线	https://sichuan.scol.com.cn/lsxw/201908/57031345.html
8月6日	地质灾害	污水管破裂造成水土流失形成空洞，路面发生坍塌	0	0	道路	广东省深圳市	晶报	https://baijiahao.baidu.com/s?id=16419375418632844788&wfr=spider&for=pc
8月8日	施工事故	施工过程中发生触电事故	1	0	轨道交通	江苏省常州市	江苏省住建厅	http://jssztfhcxjst.jiangsu.gov.cn/art/2019/8/12/art_8712_8669966.html
8月9日	施工事故	施工挖断天然气管道，造成天然气泄漏	0	0	市政管线	贵州省贵阳市	贵阳网	http://www.gywb.cn/system/2019/08/10/030130950.shtml

续表

时间	事故类型	事故发生原因	死亡人数 人	受伤人数 人	地下空间类型	城市	信息来源	网址
8月10日	中毒与窒息事故	地下管网清淤作业，发生中毒事故	0	2	市政管线	山西省太原市	中国新闻网	http://life.gmw.cn/2019-08/12/content_33069827.htm
8月11日	水灾	雨水引发路面塌陷	0	0	道路	河南省郑州市	环京津网	https://baijiahao.baidu.com/s?id=1641713984700568565&wfr=spider&for=pc
8月11日	水灾	台风导致的强降雨导致地下一层餐厅被雨水漫灌	0	0	地下餐厅	山东省滨州市	央广网	https://baijiahao.baidu.com/s?id=1641647753551117l4&wfr=spider&for=pc
8月11日	水灾	受台风影响，发生洪水险情，车库积水严重	0	0	地下车库	山东省淄博市	齐鲁晚报	https://baijiahao.baidu.com/s?id=1641557096266578983&wfr=spider&for=pc
8月12日	水灾	地下车库进水，车辆被淹	0	0	地下车库	河南省郑州市	澎湃新闻	http://henan.163.com/19/0813/15/EMFISAUQ04398DMR.html
8月16日	施工事故	地铁施工造成空洞，发生塌陷事故	0	0	轨道交通	浙江省杭州市	中国经济网	https://baijiahao.baidu.com/s?id=1642070328671246170&wfr=spider&for=pc
8月18日	地质灾害	路面内有空洞，发生坍塌	0	1	道路	河南省郑州市	河南交通广播	https://baijiahao.baidu.com/s?id=1642159947869117812&wfr=spider&for=pc
8月23日	施工事故	工人违规施工，挖破天然气管道	0	0	市政管线	湖北省黄石市	中国警察网	http://www.cpd.com.cn/n12550435/n19772165/n32499547/n3249958/201908/t20190827_850714.html
8月26日	施工事故	施工挖破天然气管道，造成天然气泄漏	0	0	市政管线	广东省阳江市	阳江广播电视台	https://baijiahao.baidu.com/s?id=1642949047596793670&wfr=spider&for=pc
8月27日	施工事故	轨道施工现场发生意外事故	2	2	轨道交通	广东省深圳市	南国今报	https://baijiahao.baidu.com/s?id=1643083505762766783&wfr=spider&for=pc
8月27日	施工事故	施工影响附近路段，导致路面坍塌	0	0	道路	云南省昆明市	云南广电	https://baijiahao.baidu.com/s?id=1643109933414675781&wfr=spider&for=pc
8月27日	火灾	隧道内大货车起火	5	31	隧道	浙江省台州市	新京报	http://news.sina.com.cn/c/2019-12-28/doc-iihnzahk0480013.shtml
8月28日	地质灾害	公寓楼发生地基沉降，最终倒塌	0	0	建筑基坑	广东省深圳市	北京晚报	https://baijiahao.baidu.com/s?id=1643102170105391678&wfr=spider&for=pc

续表

时间	事故类型	事故发生原因	死亡人数/人	受伤人数/人	地下空间类型	城市	信息来源	网址
8月28日	施工事故	地铁施工发生渗漏水现象，导致路面塌陷	0	0	轨道交通	浙江省杭州市	杭州网	https://news.china.com/dtxw/13000844/20190828/36924137.html
8月30日	施工事故	施工过程中地下车库发生塌陷事故	0	0	建筑基坑	山东省烟台市	烟台市住建网	http://zjj.yantai.gov.cn/art/2019/9/5/art_22904_2535676.html
9月4日	施工事故	施工单位挖破燃气管线	0	0	市政管线	北京市	北京政法网	https://www.bj148.org/zz1/ggaq/201912/t20191212_1545125.html
9月6日	火灾	地下商城突发大火	0	0	地下商场	河北省秦皇岛市	新京报	https://baijiahao.baidu.com/s?id=6439942002124562220&wfr=spider&for=pc
9月6日	水灾	台风影响，地下车库严重积水	0	0	地下车库	浙江省湖州市	钱江晚报	https://baijiahao.baidu.com/s?id=16439111630648967333&wfr=spider&for=pc
9月7日	水灾	自来水管破裂，水淹车道，通行不畅	0	0	市政管线	江苏省常州市	中新网	https://www.sohu.com/a/339792825_123877
9月9日	水灾	暴雨导致地面塌陷	0	0	道路	宁夏回族自治区固原市	新华网	https://www.cqcb.com/headline/2019-09-09/1849487.html
9月11日	施工事故	施工破坏天然气管道，造成天然气泄漏	0	0	市政管线	湖北省武汉市	楚天都市报	https://baijiahao.baidu.com/s?id=16443788243872662621&wfr=spider&for=pc
9月17日	水灾	暴雨导致地面塌陷	0	0	道路	广东省广州市	金羊网	https://www.sohu.com/a/341386164_119778
9月18日	施工事故	施工破坏天然气管道，造成天然气泄漏	0	0	市政管线	甘肃省兰州市	每日甘肃	https://baijiahao.baidu.com/s?id=16509766559367158288&wfr=spider&for=pc
9月18日	火灾	地下车库电动车起火	0	0	地下车库	江苏省无锡市	无锡电视	https://baijiahao.baidu.com/s?id=16451110341985837828&wfr=spider&for=pc
9月25日	中毒与窒息事故	施工过程发生中毒和窒息事故	2	0	市政管线	安徽省合肥市	安徽网	http://www.ahwang.cn/hefei/20200310/2002606.html
9月26日	其他事故	地下车库发生车祸	1	1	地下车库	湖北省孝感市	杭州市萧山广播电视台	https://baijiahao.baidu.com/s?id=16457046490993697088&wfr=spider&for=pc

续表

时间	事故类型	事故发生原因	死亡人数/人	受伤人数/人	地下空间类型	城市	信息来源	网址
9月26日	地质灾害	水管爆裂，导致路面出现塌陷	0	0	道路	江西省南昌市	中国江西网	https://jiangxi.jxnews.com.cn/system/2019/09/27/018605947.shtml
9月26日	施工事故	施工过程基坑边坡发生坍塌	3	0	建筑基坑	四川省成都市	住建部	http://www.mohurd.gov.cn/zlaq/cftb/zfhcxjsbcftb/201910/t20191025_242395.html
9月30日	施工事故	施工过程发生燃气管线挖掘事故，造成燃气泄漏	0	0	市政管线	甘肃省兰州市	每日甘肃	https://baijiahao.baidu.com/s?id=1650976655936715828&wfr=spider&for=pc
10月9日	地质灾害	山体土质原因致使地面下沉严重，地面塌陷	0	0	道路	青海省西宁市	中国藏族网	https://www.tibet3.com/news/zangqu/qh/2019-10-09/134524.html
10月11日	火灾	电动车在地下室无电引发火灾	0	0	地下车库	安徽省蚌埠市	安徽消防	https://baijiahao.baidu.com/s?id=16473558464464661761&wfr=spider&for=pc
10月11日	施工事故	挖掘机将燃气管道挖破，导致燃气泄漏严重	0	0	市政管线	安徽省池州市	徽都观察	https://baijiahao.baidu.com/s?id=16472610384593370640&wfr=spider&for=pc
10月11日	施工事故	施工不当破环天然气中压管道，造成天然气泄漏	0	0	市政管线	甘肃省兰州市	每日甘肃	https://baijiahao.baidu.com/s?id=1650976655936715828&wfr=spider&for=pc
10月11日	施工事故	施工现场发生坍塌	0	1	市政管线	贵州省贵阳市	人民网	http://m.people.cn/n4/2019/1013/c1292-13279960.html
10月14日	施工事故	施工导致电缆被挖断	0	0	市政管线	浙江省杭州市	钱江晚报	https://www.thehour.cn/news/314294.html
10月15日	施工事故	施工挖断自来水管	0	0	市政管线	浙江省杭州市	浙江日报	https://baijiahao.baidu.com/s?id=1647423617896329033&wfr=spider&for=pc
10月20日	地质灾害	地面塌陷	0	0	道路	安徽省阜阳市	安徽网	https://baijiahao.baidu.com/s?id=1647966732760636794&wfr=spider&for=pc
10月26日	地质灾害	污水渗透，引起路面塌陷	0	0	道路	广西壮族自治区南宁市	广西新闻网	http://www.gxnews.com.cn/staticpages/20191027/newgx5db4e813-18990234-1.shtml
10月26日	地质灾害	自来水管道发生爆裂致地面塌陷	0	0	道路	河南省郑州市	映像网	https://baijiahao.baidu.com/s?id=1648594178740256143&wfr=spider&for=pc
10月28日	地质灾害	煤矿"发生坍塌事故	13	0	煤矿	广西壮族自治区河池市	中国青年报	https://baijiahao.baidu.com/s?id=1649631397665666477&wfr=spider&for=pc

续表

时间	事故类型	事故发生原因	死亡人数 人	受伤人数 人	地下空间类型	城市	信息来源	网址
10月28日	施工事故	在建停车场发生坍塌事故	8	2	建筑基坑	贵州省贵阳市	住建部	http://www.mohurd.gov.cn/zlaq/cftb/201911/t20191105_242559.html
10月28日	地质灾害	地面塌陷出现空洞	0	0	道路	青海省西宁市	西宁晚报	https://weibo.com/ttarticle/p/show?id=2309351000181443 4830120058891
10月29日	地质灾害	电缆井处路面塌陷	0	0	道路	内蒙古自治区呼和浩特市	正北方网	https://baijiahao.baidu.com/s?id=16488258120084 08762&wfr=spider&for=pc
10月30日	地质灾害	地面突发塌陷事故	0	0	道路	北京市	北京日报	http://www.dqdaily.com/2019-10/30/content_5779284.htm
10月31日	火灾	地下车库电动车起火	0	0	地下车库	江苏省淮安市	中国江苏网	https://baijiahao.baidu.com/s?id=16492603613957 43839&wfr=spider&for=pc
11月1日	火灾	地下室电动车充电不当引发火灾	0	0	地下车库	江苏省淮安市	中国江苏网	https://baijiahao.baidu.com/s?id=16492603613957 43839&wfr=spider&for=pc
11月1日	地质灾害	路面隔离带塌陷	0	0	道路	重庆市	重庆晨报	https://www.cqcb.com/hot/2019-11-02/191961_pc.html
11月2日	施工事故	施工现场发生塌方事故	2	0	市政管线	四川省乐山市	澎湃新闻	https://m.thepaper.cn/baijiahao_4863906
11月3日	地质灾害	地下管道漏水、地面受压塌陷	0	0	道路	陕西省西安市	华商报	http://shanxi.news.163.com/19/1113/07/ETRJA8GB0419 8EVR.html
11月5日	水灾	铁管破裂漏水淹至居民家	0	0	市政管线	福建省泉州市	晋江新闻网	http://news.ijnews.com/system/2019/11/08/011064845.s html
11月8日	中毒与窒息事故	污水改造工程施工发生中毒溺水事故	3	0	市政管线	广东省佛山市	广东日报	https://baijiahao.baidu.com/s?id=16601323812000464 15&wfr=spider&for=pc
11月8日	火灾	地下停车场车辆自燃	0	0	地下车库	辽宁省大连市	半岛晨报	https://new.qq.com/omn/20191108/20191108A0MS7G00.html
11月10日	地质灾害	路面塌陷	0	0	道路	山东省烟台市	山东商报	https://baijiahao.baidu.com/s?id=16498022210054615 99&wfr=spider&for=pc
11月15日	施工事故	施工过程发生坍塌事故	3	0	建筑基坑	河南省郑州市	住建部	http://www.mohurd.gov.cn/zlaq/cftb/201912/t20191202_242922.html

续表

时间	事故类型	事故发生原因	死亡人数/人	受伤人数/人	地下空间类型	城市	信息来源	网址
11月17日	施工事故	施工挖破供热主管道	0	0	市政管线	山东省菏泽市	菏泽公安	https://www.thepaper.cn/newsDetail_forward_4992882
11月17日	地质灾害	路面塌陷	0	0	道路	河北省石家庄市	河北新闻网	http://yzdsb.hebnews.cn/pc/paper/c/201911/19/content_15605.html
11月19日	火灾	地下车库内车辆失火	0	0	地下车库	山西省太原市	山西晚报	https://baijiahao.baidu.com/s?id=1650767187025784879&wfr=spider&for=pc
11月21日	施工事故	施工现场发生管沟坍塌	2	1	建筑基坑	江西省抚州市	江西省人民政府	http://www.jiangxi.gov.cn/art/2019/12/12/art_15436_1235319.html
11月23日	施工事故	施工现场发生沟槽挡墙倒塌事故	1	0	市政管线	广东省东莞市	羊城晚报	https://baijiahao.baidu.com/s?id=1651867265585595390&wfr=spider&for=pc
11月23日	火灾	隧道内小车自燃	0	0	隧道	浙江省丽水市	湖州高速交警	https://baijiahao.baidu.com/s?id=1651375382315043216&wfr=spider&for=pc
11月26日	地质灾害	楼房突发沉降倾斜	0	0	道路	广东省深圳市	新京报	https://baijiahao.baidu.com/s?id=1651311799777497035&wfr=spider&for=pc
11月26日	施工事故	隧道施工发生突泥涌水	12	10	隧道	云南省临沧市	央视新闻	https://baijiahao.baidu.com/s?id=1653136425711856138&wfr=spider&for=pc
11月26日	地质灾害	人行道出现塌陷	0	0	道路	福建省泉州市	福建日报新媒体	https://baijiahao.baidu.com/s?id=1651346667576385680&wfr=spider&for=pc
11月28日	地质灾害	突发路面塌陷	0	0	道路	天津市	天津交通广播	https://baijiahao.baidu.com/s?id=1651378583372260897&wfr=spider&for=pc
11月30日	火灾	地下车库车辆自燃起火	0	0	地下车库	广东省深圳市	南方网	http://cnews.chinadaily.com.cn/a/201912/02/WS5de4693aa31099ab995eefb1.html
12月1日	施工事故	地铁施工区域发生地面塌陷事故	3	0	轨道交通	广东省广州市	潇湘晨报	https://baijiahao.baidu.com/s?id=1667805538166003367&wfr=spider&for=pc
12月2日	施工事故	施工挖坏燃气管道，致燃气泄漏	0	0	市政管线	上海市	中国经济网	https://baijiahao.baidu.com/s?id=1651975215831997326&wfr=spider&for=pc
12月3日	施工事故	管道施工现场突发挡墙坍塌事故	1	1	市政管线	广西壮族自治区玉林市	新京报	https://baijiahao.baidu.com/s?id=1651928603735344839&wfr=spider&for=pc

续表

时间	事故类型	事故发生原因	死亡人数/人	受伤人数/人	地下空间类型	城市	信息来源	网址
12月3日	火灾	地下车库电瓶车引发火灾	0	0	地下车库	浙江省杭州市	钱江晚报	http://zj.news.163.com/19/1203/15/EVFTNTIL0409BFC3.html
12月3日	地质灾害	人行道突发路面塌陷	0	0	市政管线	广东省广州市	南方日报	http://news.e23.cn/wanxiang/2019-12-04/2019C0400467.html
12月9日	地质灾害	自来水管破裂地面塌陷	0	0	市政管线	北京市	北京日报	http://www.ce.cn/xwzx/gnsz/gdxw/201912/09/t20191209_33810546.shtml
12月9日	施工事故	施工致燃气管道发生破损，导致大量燃气喷涌而出	0	0	市政管线	上海市	新民晚报	https://baijiahao.baidu.com/s?id=1652518368105282710&wfr=spider&for=pc
12月10日	施工事故	施工工地突发坍塌	0	1	市政管线	吉林省白城市	新文化报	https://baijiahao.baidu.com/s?id=1652549473524082776&wfr=spider&for=pc
12月10日	施工事故	施工致地下燃气管道破损并发生泄漏	0	0	市政管线	上海市	上海广播电视台	https://www.163.com/dy/article/F02NRTAL0514EGPO.html
12月11日	施工事故	地铁施工发生起重机械伤害生产安全事故	1	0	轨道交通	江苏省南通市	中国经济网	https://baijiahao.baidu.com/s?id=1653420885467149825&wfr=spider&for=pc
12月12日	施工事故	地铁缓建口发生地面坍塌	0	0	轨道交通	福建省厦门市	财新网	https://baijiahao.baidu.com/s?id=1653518134836185874&wfr=spider&for=pc
12月12日	火灾	地下车库出口起火	0	0	地下车库	河北省石家庄市	燕赵晚报	http://www.yidianzixun.com/article/0O5WhDmx/amp
12月13日	施工事故	施工时挖破燃气管道，导致天然气泄漏	0	0	市政管线	福建省泉州市	环球网	https://baijiahao.baidu.com/s?id=1652811459056516370&wfr=spider&for=pc
12月13日	施工事故	基坑施工发生土方坍塌	3	0	建筑基坑	陕西省宝鸡市	人民日报	https://baijiahao.baidu.com/s?id=1652953948871031143&wfr=spider&for=pc
12月13日	其他事故	地下车库发生车祸	0	1	地下车库	浙江省杭州市	杭州网	https://baijiahao.baidu.com/s?id=1652896480260425420&wfr=spider&for=pc
12月14日	施工事故	立交施工致水管爆裂，引发路面沉降	0	0	道路	广东省深圳市	金羊网	https://baijiahao.baidu.com/s?id=1652969750701518695&wfr=spider&for=pc

续表

时间	事故类型	事故发生原因	死亡人数 人	受伤人数 人	地下空间类型	城市	信息来源	网址
12月14日	地质灾害	地下管网年久失修漏水导致路面塌陷	0	0	道路	陕西省西安市	都市快报	https://new.qq.com/omn/XAC20191/XAC20191214005542 00.html
12月14日	地质灾害	煤矿发生透水事故	5	13	煤矿	四川省宜宾市	四川日报	http://sc.china.com.cn/2019/toutu_1219/347658.html
12月17日	施工事故	道路施工挖破燃气管道	0	0	市政管线	河南省信阳市	信阳讯	https://baijiahao.baidu.com/s?id=1653241105773537081 &wfr=spider&for=pc
12月21日	地质灾害	污水管和市政供水管渗漏，引发路面塌陷	0	0	道路	广西壮族自治区南宁市	南国早报	https://baijiahao.baidu.com/s?id=1653696480995237442 &wfr=spider&for=pc
12月21日	地质灾害	地面塌陷	0	0	道路	湖南省长沙市	人民网	https://baijiahao.baidu.com/s?id=1653587953843313399 &wfr=spider&for=pc
12月23日	施工事故	管沟施工，发生土方坍塌事故	4	0	市政管线	黑龙江省哈尔滨市	住建部	http://www.mohurd.gov.cn/zlaq/cftb/zfhcxjsbcftb/201912 /20191230_243322.html
12月24日	施工事故	轨道施工发生事故	1	0	轨道交通	福建省厦门市	福建省住建厅	http://zjt.fujian.gov.cn/xyfw/pgt/202002/t20200207_5191 364.htm
12月24日	地质灾害	长时间漏水冲刷导致地底空洞，引发塌陷	0	0	道路	江苏省南京市	荔枝网	http://news.jstv.com/a/20191225/382e414f50ca444a9a64 9137b026bcd6.shtml
12月25日	火灾	临时地下车房起火	0	0	地下车库	辽宁省大连市	北京商报	https://baijiahao.baidu.com/s?id=1653908767566465417 &wfr=spider&for=pc
12月27日	地质灾害	路面突发坍塌	0	0	道路	湖北省恩施州	北京青年报	https://weibo.com/3502957945/ImKXSsx0Z4?type=com ment
12月30日	施工事故	施工发生断面塌方	5	1	隧道	山西省晋城市	中国经济网	https://baijiahao.baidu.com/s?id=1654401512096259581 &wfr=spider&for=pc
12月31日	施工事故	轨道施工致墙体出现倾斜、地面出现塌陷	0	0	轨道交通	河南省商丘市	商丘网	https://baijiahao.baidu.com/s?id=1654415372914947566 &wfr=spider&for=pc

关于数据来源、选取及使用采用的说明

1. 数据收集截止时间

城市经济、社会和城市建设等数据以 2020 年 10 月 31 日为本报告的统计数据截止时间。

2. 数据的权威性

报告所收集、采用的城市经济与社会发展等数据，均以城市统计网站、政府网站所公布的城市统计年鉴、政府工作报告、统计公报为准。根据数据发布机构的权威性，按统计年鉴—城市年鉴—政府工作报告—统计公报—统计局统计数据的次序进行收集采用。

3. 数据的准确性

原则上以该报告年度统计年鉴的数据为基础数据，但由于中国城市统计数据对外公布的时间有较大差异，因此，以时间为标准，按本年度统计年鉴—本年政府工作报告—本年统计公报—上一年度统计年鉴—上一年度政府工作报告—上一年度统计公报—统计局信息数据—平面媒体或各级官方网站的次序采用。

本报告部分数据合计数或相对数由于单位取舍不同产生的计算误差均未作技术调整；凡与本书有出入的历史蓝皮书数据，均以本书为准。

4. 多源数据的使用

因城市统计数据公布时间不一，报告的本年度部分深度数据缺失，而采用前一年度数据，或利用之前年度数据进行折算时，予以注明，并说明采用或计算方法。

5. 国外相关数据的引用

国外相关数据摘自各国政府公开数据、维基百科英语版以及国外相关职能部门的官方网站。

主要指标解释

1. 人均地下空间规模

城市或地区地下空间（竣工）建筑面积的人均拥有量是衡量城市地下空间建设水平的重要指标。

$$人均地下空间规模 = 市区地下空间总规模/市区常住人口$$

2. 建成区地下空间开发强度

建成区地下空间开发强度为建成区地下空间开发建筑面积与建成区面积之比，是衡量地下空间资源利用有序化和内涵式发展的重要指标，开发强度越高，土地利用经济效益就越高。

$$建成区地下空间开发强度 = 建成区地下空间开发建筑面积/建成区面积$$

3. 停车地下化率

停车地下化率为城市（城区）地下停车泊位占城市实际总停车泊位的比例，是衡量城市地下空间功能结构、基础设施合理配置的重要指标。

$$停车地下化率 = 地下停车泊位/城市实际总停车泊位$$

4. 地下空间社会主导化率

地下空间社会主导化率为城市普通地下空间（扣除人防工程规模）规模占地下空间总规模的比例，是衡量城市地下空间开发的社会主导或政策主导特性的指标。

$$停车地下化率 = 地下停车泊位/城市实际总停车泊位$$